農民工と中国農村

― 都市部の農民工と農村部の貧困実態 ―

侯　祺

御茶の水書房

農民工と中国農村

目　次

目　次

序章 ——————————————————— 3

第1節　研究課題と問題意識　3

第2節　先行研究の検討　6

第1章　戸籍制度と農民工問題 ——————— 17

第1節　戸籍制度の変遷と「農民工」の発生　17

第2節　農民工の概念と基本構成　24
　　ⅰ．農民工の概念
　　ⅱ．農民工の基本構成

第3節　都市部の農民工の調査実例　27
　　ⅰ．朝市，晩市の個人経営者（農民工）
　　ⅱ．農民工経営者調査
　　ⅲ．契約労働者（農民工）調査

第4節　中国農民工の宿命　38

第2章　中国農民の悲劇 ————————— 41

第1節　無地農民と失地農民　41
　　ⅰ．田畑分配政策と無地農民
　　ⅱ．農地未分配と農地取り上げ問題に関する現地調査

第2節　中国食糧市場における国家管理　59

第3章　郷鎮企業と農民工 ―――――― 69

　　第1節　中国郷鎮企業の紹介　69

　　第2節　郷鎮企業の発展を制約する要因　71

　　第3節　郷鎮企業の組織変更　73

　　第4節　農村部の企業の調査　74

第4章　中国農村の貧困と教育の現状 ―――――― 79

　　第1節　中国農民工激増の原因　79
　　　　ⅰ．中国農村における貧困の実相
　　　　ⅱ．貧困地区に対する扶助開発政策
　　　　ⅲ．貧困地区扶助開発の問題点

　　第2節　中国農村における教育の現状　99
　　　　ⅰ．教育の意義
　　　　ⅱ．貧困農家の学費負担
　　　　ⅲ．農村部における義務教育体制の問題点
　　　　ⅳ．教育費の地区間差別について

終　章 ―――――― 115

巻末注　121

参考文献　138

あとがき　143

農民工と中国農村

序　章

第1節　研究課題と問題意識

　本書の課題は，中国経済の中で重要な位置を占めている農民工問題と農村部の貧困実態を把握し，その根本的な原因を解明することである。中国国家統計局は毎年，『中国統計年鑑』を刊行している。そこでは，全国，各省，自治区（省に相当する），直轄市などの単位に従って，国民経済，社会などの各方面の最新データが公表されている。これは周知のように，中国政府機関により発行され，中国における経済と社会の統計的な基礎的資料として評価することが可能である。しかし，この統計資料でも，軽視されている内容もある。例えば，中国大陸における農村第二次田畑分配後（1998年前後）において，制度的な仕組みに由来して，請負田畑を分配されていない農民の人数の規模や面積については，データが公表されていない。更に，政府によって農村部地域内に「小城鎮」と呼ばれる中小都市の建設が推進されているが，この十年間，農村部で収用された田畑面積はどの程度なのか，『中国統計年鑑』の中に記録が見当たらない。周知のように，1992年鄧小平は「南方講話」の直後に，「先に一部の人が富裕となり，そのあとで，みんなが富裕となろう」といういわゆる「先富論」政策を提起した。それを受けて，政府は強力に市場経済を推進させ，一部の人は確実に富裕化したといっても過言ではない。しかし他方では，所得格差が更に拡大し，社会的矛盾も日増しに切迫してきている。残念ながら，かつて貧困層だった人々，とりわけ農民の階層は依然として貧困の中にある。都市部に住んでいる市民の年間一人当たり所得と農村部に住んでいる農民の年間一人当たり所得データは存在するが，政府の統計局が公表する数字はあくまでもその地域の平均値にすぎない。このように，

中国社会には依然として大きな所得格差が存在する。従って，このような平均値は低所得の人々の真相を反映しているとは言い難い。

1980年代になると，「改革・開放」政策のひとつの帰結として，「農民工」と呼ばれる社会的階層が出現してくる。特に，1992年以後の農民工の増大スピードは急速であり，2017年末の最新データによれば，農民工は2億8,652万人[1]にまで達した。これは中国総人口の約20％を占めている。この膨大な社会集団は，中央政府から重要な社会問題として認識され始め，2008年から，中国政府は「全国農民工監測調査報告」を毎年公表している。ところが，農民工の出現時期については，諸説が存在している。農民工は出現してから現在まで，「改革・開放」を起点とするならば，40年程度しか経過していないが，現在でも農民工の人口は増加を続けている。それは何故なのか。

都市と農村に分離させる「二元戸籍制度」は，ある程度は臨機応変に現実に即して，「暫住戸籍」などとして執行されてはいる。更に「改革・開放」政策の実施で，都市部の工業，その他のサービス部門において圧倒的な労働力不足が発生し，農村から若年労働力が農民工として不断に供給され続けてきた。この労働力不足を農民工発生の外因と呼ぼう。中国政府はこれらの外因を「国を治め，民を安楽」にするプロセスであると説明し，ニュースや新聞や報道で大きく取り上げてきた。しかし，外因だけでは農民工は膨大な人口を形成することはない。内因が存在したのである。本質としての内因は何かという問題の解明は中国政府によって慎重に回避されてきたのであり，取り上げるとしても，表層的な指摘に終始している。その内因とは，根本的な農村の貧困問題に求めることができるというのが本書の立場である。この20年から30年間に内因と外因が相互に影響しあって，都市部の農民工人口が持続的に増え，世界でも例をみない特異な人口集団としての社会階層を作り上げた。筆者は2015年と2016年の夏期休暇を利用して，中国における農民工と農村の貧困実態調査のために，中国遼寧省内の八つの農村を調査した。多数の農民へのインタビューを通じ，第一次資料を獲得することができた。その結果，中国社会は全体として農村と都市の隔絶に由来する戸籍による身分的な格差社会であり，それが農民工の大量発生を生み出し，それによって，

中国における経済的な諸問題，とりわけ貧困問題の根源を形成しているという大きな問題点の存在認識に到達した。故に，このような問題意識のもとで，本書では，冒頭にも示したとおり，先行研究の成果によりつつ，新たな調査の結果をふまえ農民工及び農村の実態を解明し，その貧困実体の原因を含めた実証的な解明を試みるものである。

　日本人研究者であれ中国人研究者であれ，中国「三農」(農業，農村，農民)問題及び農民工問題についての研究は，中国の南方地区が現地調査の対象となるケースが多い。中国の国土は広いので，各省，市，地区によって，経済(工業，農業，産業など)発達レベルの差異が顕著である。研究者としては，あまねく中国全土を調査することは不可能である。そこで本書が研究対象として取り上げたのは，東北三省（遼寧省，吉林省，黒竜江省）中の遼寧省である。「鄧小平南方講話」の後，南方地区の経済は優先的に発展を享受する恩恵にあずかり，2001年12月末以降，中国経済はWTO（世界貿易機関）加盟を契機に輸出を拡大して，「世界の工場」と呼ばれるようになった。しかし，この「世界の工場」は主に中国の広東省を中心とする南方（南部）に集中していた。特に東南海の沿海地区に集中している。ところが，東北三省は1949年以降，中国の重工業基地と食糧（農産物）の生産地としての地位を確立したが，依然として伝統的な機械製造業と農業生産を踏襲している。実は「世界の工場」という称号は東北三省とはあまり関係がない。現在，中国における経済が最も発達している都市は北京，上海，広州，深圳であるが，政治的中心としての北京以外，南方に位置している。従って，中国において，東北三省と南方地区とは経済発展の歩みが違っている。本書の特徴は，筆者の出身地の大連市を中心に，中国の北方を研究対象としていることである。南方と異なり，北方においては，郷鎮企業が殆ど発展しなかったため，農村問題も様相を異にするのである。吉林省と黒竜江省出身の出稼ぎ労働者(農民工)は遼寧省に集中しており，特に大連市において，農民工に接しやすい。

　筆者は中国農民工の諸問題と農村の貧困の根源を解明するために，現地調査及びインタビュー，聞き取り調査を行った。北方地区での現地調査については目立つ先行研究がなく，これが本書のオリジナリティーとなる。また，

法制面についても公的文書を取り上げた。制度の発展にも注目した点が他の研究との相違点である。

本書の発見点は，第一に，農村の貧困状況からの脱出という内生的な農民工発生要因に着目したこと，第二に，貧困の原因が土地なし農民の発生に由来すること，第三に，このような無地農民が何故発生したかを詳細に分析したこと，第四に，中国北方の特徴に着目したことの四点である。

第2節　先行研究の検討

塚本隆敏は中国社会と農民工に関する一連の問題を研究している。彼の研究では，農民工と耕作放棄地の問題や農民工の失地問題や農民工の歴史的経過及び第二世代農民工問題，農民工の生活，健康状況，労災などの問題が論じられている。特に，農民工は，中国社会において固有の社会的グループを形成していると指摘している。すなわち，「農民工は中国の歴史上の一つの新しい概念であり，しかも世界史上においても，これまでこうした人たちは存在しなかったという認識を，多くの論者は主張している」[2]。「農民工」の概念については，塚本は狭義と広義の両方から定義している。すなわち，「一般的に，農民工とは何かと言えば，一つは農民が当該地の農村から都会に出稼ぎに出ることであり，つまり，これが農民工の狭義の概念である。もう一つは農村戸籍の身分のまま，未だに都市戸籍を得られず，都会で賃金労働者となり，その労賃が自らの生活資源と郷里の家族の生活を支えているのであり，つまり，これが農民工の広義の概念である」[3]，と述べている。

「農民工」問題を解決するにはどうすればよいか。塚本は戸籍制度に関連して，次のように述べる。すなわち，「つまり，現在の農民工問題の解決策の第一は，現在も存続している戸籍管理制度の問題だと，誰もが認識している。もう一つは現行の労働雇用制度が，農民工問題の解決を難しくしている」[4]。この解釈は正しいと思われる。本書の第1章で具体的に論じている。

第一章「農民工と耕作放棄地の諸問題」では，塚本は中国における耕作放棄地の問題を論じた。すなわち，「農民は土地にあまり執着せずに，従来の

収入源である農業から離れて民工になっていったのである。その結果，耕作放棄地が生まれ，それは沿海部だけの減少ではなく，全国的な傾向でもあったし，また，その減少率も止まらない」[5]，と述べている。最後に，その問題が経済と密接に関係しているという立場から，次のように述べる。すなわち，「こうした耕作放棄地問題は，地方の社会経済状況（とくに，教育や医療に影響を与えている。とりわけ，児童の教育環境に深刻な問題を発生させている）の崩壊にもつながる要因になっているのではないか」[6]，と述べている。

　第二章「農民工の歴史的経過と内陸地域における農民工の生存状況」では，塚本は中国人研究者の論述（A.简新华，黄锟等著『中国工业化和城市化过程中的农民工问题研究』，B.张永丽，黄祖辉「中国农村劳动力流动研究述评」）を参照しつつ，農民工の出現を3段階に分けた。すなわち，「第一段階は改革開放政策導入初期（1978年末）から20世紀80年代末（1988年）までとし，民工の発生原因は，「農村家庭請負責任制」の導入であった」[7]としている。「第二段階は多少の時期区分に若干の違いがあるが，大半の研究者はシステム転換（1990年代中頃）を基軸に，つまり20世紀80年代末から90年代中頃まで」[8]であるとしている。「第三段階は20世紀90年代中頃から現在まで」[9]というような時期区分であるとされている。実は，中国では，経済面の大事件（「農村家庭請負責任制」の導入や，鄧小平の「南方講話」）は農民工問題の変遷に影響を与えているために，筆者はその段階区分に賛成である。更に，塚本は中国の江西省南昌市と安徽省合肥市における農民工に対して，アンケート調査を実施し，内陸地域における農民工の生存状況について論じている。すなわち，「民工問題の発生から今日の問題まで，そして，内陸地域の民工の生存状況が，現在どのような問題を持っているか，取り上げてみた。その結果，民工の賃金は低賃金であり，社会保障の加入率は低いなど，こうした問題はこの十数年徐々に改善しつつあるとはいえ，根本的に何も変わっていない，というのが今日の状況である。そして，民工の第二世代の若年層が願望している市民化は，まだ実現できるような雰囲気もない」[10]と塚本は紹介している。実は，内陸地域だけではなく，筆者の出身地（遼寧省大連市）にお

ける農民工の生存状況は同様であり、全土の農民工の生存状況も同様に劣悪であると推測することができよう。

第四章「農民工・第二世代における諸問題」では、まず塚本は「第一世代」と「第二世代」農民工の概念を明らかにした。すなわち、「第一世代は改革開放以前の世代であり、第二世代は改革開放以降の世代である」[11]。加えて、「第二世代」と「第一世代」の違いを論じている。すなわち、「第二世代の人たちは、都会の住民からかなり厳しい評価を受けているが、第一世代と比べて、彼らはどんな点で、第一世代と異なっているのであろうか。一般的に言えば、第二世代を第一世代と比較すれば、生活習慣、文化的な風習、就業動向、そして価値の目標など、すべてが違っていると言われている」[12]と論じられている。

第七章「農民工における失地問題」では、塚本は廖洪志が著した『中国农村土地制度六十年――回顾与展望』の中のデータを引用して、「1996－2004年まで、全国において完全に耕地を失った農民は約1108万人前後で、年平均約123万人いた」[13]、と述べている。更に、塚本は江蘇省内の様々な都市近郊の状況の調査に依拠して中国全体のリアルな姿を推定する。1996－2004年まで、全国において完全に耕地を失った農民のデータに基づいて、「このデータ（約1100万人）より多く2000万人～3000万人ぐらいではないかと思われ、厳密に調べることは不可能に近いのではないかと感ずる。何故なら、末端経済組織がいろいろ自らの都合で判断し統計を作成し、上級機関に申告しているからである」[14]、と述べている。

つまり、『中国の農民工問題』では、全面的に中国「農民工」の真実が紹介され、そこには、中国ではまだ解決していない社会面、経済面の問題が如実に反映されている。

厳善平著、2009年に出版された『農村から都市へ――1億3000万人の農民大移動』では、「改革・開放」以降30年間程度、中国社会で新たに形成した「農民工」という特殊な身分を持つ人々の真実の様相が歴史的に浮き彫りにされている。まず、厳善平は二十世紀前半の民国期の人口移動歴史と1950年代以降の計画経済時期を対象として、中国各地域間の人口移動の歴史を総

括している。すなわち，中華民国の時期においては，基本的に人口移動は自由であった。しかし，毛沢東の計画経済期に，地域間の自由な人口移動が政府によって厳しく制限されるようになった。「改革・開放」以降，「移動人口の規模が飛躍的に増大し，人々の移動する空間が広がったこと，移動者の主体は中西部農村出身の学歴の比較的高い青壮年を中心とする農民であること，移動人口の相対的水準が地域の経済状況から強い制約を受け，遅れた内陸部が移出地，沿海の都市部が移入地，という構図が形成されている」[15]，と要約されている。

　第三章では，厳善平は「農民工政策の転換過程」と「戸籍制度」をテーマとして設定しているが，分析は詳細であるとは必ずしもいえない。実は，中国における戸籍制度の変遷と農民工の発生とは，極めて緊密な関係がある。厳善平は次のように概括して，「結局，半世紀前の戸籍登記条例は今も生きていて，農民，そして農民工を二等国民に陥れたままとなったのである」[16]，と述べている。これは中国経済をみるうえでの基本的な観点であるといえよう。

　第四章では，「農民の出稼ぎとその影響」が論じられている。中国中部四省（江西省，安徽省，湖南省，湖北省）の農家調査に基づいて，出稼ぎの農民工の実態が考察されている。その中で，最も重要な情報は，「つまり，中国の農村では，2005年頃から農家純収入の三〜四割が給与所得で賄われ，その上昇分は主として出稼ぎ収入の増加に起因しているということができる。今後，農家の所得増を実現するには，出稼ぎ収入の安定的拡大は非常に重要な意味を持つだろう」[17]，というものである。しかし，農家の収入は増えると同時に，中国の農業に，次のような新しい困惑をもたらした。すなわち，「青壮年を中心とした出稼ぎ者の増加に伴い，農村人口の年齢構造に異変が生じている。多くの家では，働き盛りの世帯主，あるいはその夫婦は恒常的に村を離れ，年をとった親や幼い子供だけが家の留守番を余儀なくされている。農業の生産活動は主として高齢者，特に女性の高齢者が担うようになりつつある」[18]，と述べている。厳善平は南方の農村で調査中に，一つの問題を発見した。すなわち，農村の青壮年労働力は出稼ぎ労働者になって不在で

あり，農村には老人のみが残されているという事実である。その原因は，中国農村の田畑請負制度が不合理であるということである。不在農民の発生は，多数の「無地農民」(農地なし農民) をもたらす。しかし，これらの農民が仮に農村部に残ったとしても，農業による収入の低水準の故に，根本的に生存できないであろうという問題である。だからこそ，都市部に行って，農民工になること以外に生存の方途はないという重要な問題を指摘したのである。

第五章では，厳善平はアンケート調査 (聞き取り調査) の形式で，2003年に上海市で就労していた農民工の仕事や生活状況を考察した。農民工にとっては，従事している職業，賃金，生活水準，社会保障などにおいて，都市住民とは大きい差別が存在している。この先行研究では中国の格差社会の現実を明らかにしたという肯定的評価を与えることが妥当であろうと思う。

厳善平著，2010年に出版された『中国農民工の調査研究——上海市・珠江デルタにおける農民工の就業・賃金・暮らし』[19]では，中国各地から上海市，珠江デルタまで来た農民工の就業，給与，生活，子供の教育，権利保障などの状況を考察して，農民工の生存実態を浮き彫りにした。厳善平は実地調査とアンケート調査の方式を採用したので，得た考察結果は，中国政府によって公表された調査報告より精細なものであり，それ故に，読者に対して得難い情報の価値を持つと思われる。

「農民工問題の諸相 ——農民工は国民か」[20]では，現象を通じて本質を見ようとする。中国における農民工問題の本質は戸籍制度にほかならないとされている。厳善平は実地調査とアンケート調査，それに中国政府により公表されたデータに対する分析を通じて，農民工の就業問題，農民工の生活と社会保障問題，農民工の子弟の教育問題，農民工の人権問題を論じている。特に，出稼ぎ労働者となった農民に対しての呼び方の歴史変遷を次のように論じている。

「農村からの出稼ぎ労働者は俗に農民工と呼ばれる。似た呼び方に民工もある。ほかに流動人口，暫住人口，外来人口，外労，打工子または打工妹，等など。『現代漢語辞典』によれば，民工は都市部に出稼ぎに来ている農民だという。／ところで，民工という言葉自体は長い歴史を持つ。毛沢東の農

民革命時代には民兵とともに 民工という言葉が使われた。前線部隊のために物資補給，道路工事に従事する農民のことを民工と呼び，戦場などでけがをして障害者となった人や命を失った彼らの遺族に対して，新中国成立後にも政府（民政部）は年金などで手厚い世話をしてきた。民工は名誉のある称呼でもあった。1980年代初期，鉄道や道路の建設，鉱山開発などで労働力を必要とするときに，近くの農村から臨時従業員を募集することがある。こうした臨時従業員のことは普通民工と呼ばれた。しかし，計画経済時期に企業などが近郊農村から採用した臨時工は民工とは呼ばれなかった。いずれにせよ，当時は民工の絶対数が少なく，民工という用語法には農民を差別するニュアンスがそう強くはないように思われる。ところが，1990年代以降，急増した新型の民工あるいは様々な呼称には差別の色合いが次第に濃厚となり，制度面でも農民工を都市民と異なる形で扱う現象が際立つようになった。都市民やマスメディアは何気なく民工または農民工といった用語を使うが，その対象者である本人たちは必ずしもそれを歓迎していないようだ。二等国民のように見られているという屈辱感があるという」[21]（文中の／は段落を示す），と述べている。

　今の中国社会において，一般的に「改革・開放」以降に出現した農村からの出稼ぎ労働者は農民工と呼ばれている。しかし，農民工の出現の歴史を溯れば，厳善平が紹介しているように，毛沢東時代に辿り着く。現代中国においては，戦争に題材をとっている映画やドラマの中には，「民兵」と「民工」のような呼び方が登場する。このように，厳善平の研究は綿密であり，興味深いものである。ともに，民は農民の略語なのである。

　つまり，「二等国民」であるという視点でみる方法を採用すれば，社会面でも，経済面でも，深刻な中国の農民工問題が理解できると思われる。民工問題についていえば歴史的な根源があり，根の深い中国固有の問題であると捉えなければならないであろう。

　池上彰英は『中国の食糧流通システム』において，「改革・開放」政策が開始された1978年から，2011年までの中国食糧政策の変遷を整理・分析している。中国における食糧政策は食糧を生産する農民と深い関係を有する。

池上は1978年以降の中国食糧政策の変化を四つの主な段階に区分した。第一段階は1978年から1985年まで，第二段階は1986年から1993年まで，第三段階は1993年から2000年まで，第四段階は2001年から2011年までとする四段階である。

　1953年から，中央政府は全国的に統一買い付け・統一販売（中国語「统购统销」）制度を導入した。次に，1978年から1985年にかけての7年間では，食糧の統一買い付け制度が次第に廃止される。この時期に，契約買い付け制度が歴史の舞台に登場する。契約買付制度とは，「政府の食糧部門と農家とが，播種季節前に，その年に買い付ける食糧品目の数量，価格及び基準品質に関する契約を結び，この契約に従って収穫後に買い入れる方式を指す」[22]，と池上は紹介している。

　1980年代の初めから，中国農村では，「農家生産請負制」が導入されたために，農民の生産意欲と積極性が高まって，食糧の生産量も大幅に増えてきた。池上は，1986年から1993年にかけて，この時期に中国食糧市場の特徴を「複線型流通システム」として示した。池上によれば，「複線型流通システム」とは，「政府が食糧流通の一部を行政的な手段によって直接管理して，都市住民への食糧安定供給を確保し，残りの食糧は自由な市場流通に委ねることによって，市場メカニズムによる需給調整を行うという」[23] ものであるとしている。他方，「広東省は1992年4月，全国に先がけて，食糧売買価格の自由化，農民の国家への義務供出制度および国家による消費者への配給制度の廃止を主要な内容とする食糧管理制度の改革を行った。……1993年11月にはチベットを除く29省・直轄市・自治区において，全国の95％に相当する県がこの改革を完成された（『中国通信』1993年11月15日，11月18日）」[24]。池上は当時，中国で発行された新聞を精査し，更に政府が公表した文書も精査して，食糧売買価格は自由化されたと判断する。

　しかし，実際には，中国における食糧価格はこれまでは，市場によって決定されることはなかった。政府が公定価格を決定してきたのである。中央政府は都市部の物価安定を保証するために，極端に低い食糧価格を設定してきた。これが農村部の貧困の原因となってきたのである。これは第2章で詳し

く論じることにしたい。池上は，「改革の目標ないし政策理念が，直接統制の廃止と市場流通システムを前提にした間接統制システムの導入にあることは容易に理解できる」[25]，と述べている。この解釈は的を射ている。

　1993〜2000年の期間では，中国の食糧問題に対して，池上は二つの大事件をまとめた。一つは，「保護価格買い付け」政策の導入であり，もう一つは「1998年の食糧流通体制改革の失敗」である。「保護価格は，食糧生産コストと食糧需給状況に基づいて毎年一回を確定し，前年の秋（翌年の春小麦の播種前）に公布する」[26]，と紹介している。池上は，この段階の中国食糧市場の価格変動と生産量状況を紹介した。ところが，「保護価格」の根本理念は農民の利益を守るものであるが，結果としてはそうはならなかったのである。筆者は遼寧省大連市食糧局の公務員へのインタビューによって，「保護価格買付」の本質を理解したが，本書の第2章では，その問題を取り上げる。

　池上は2001年以降の食糧政策を紹介する。すなわち，中央政府は農家に対して「直接補助金制度」を導入している。これを承けて，池上は2001年以降，中国では食糧買い付けは自由化されたと解釈したのではないかと思われる。そのうえ，「直接補助金制度」の導入に従って，食糧の農家販売価格は次第に上昇してくる。池上は1985〜2011年の農家一人当たり所得の動向を示して，確かに所得は増えている。これにより，楽観評価をし，次のように叙述する。「今でも農家の農業所得の半分近くは食糧生産から得られているので，食糧価格の安定的な上昇は農業所得の増大にとって，従って，都市世帯との所得格差を縮小するためにも，きわめて重要である」[27]，と述べている。この点について，筆者は以下の理由から賛同することができない。まず，中国では，食糧の市場価格は政府によってコントロールされているが，ただコントロールの程度が各時期に違うことだけの相違であると総括することができよう。第二に，中央政府は農家に「直接補助金制度」を導入した。しかしながら，平均的な農家をとってみれば，農産物売上収入は上昇がみられず，改善の跡が確認できない。従って，農家の生活水準の上昇もみられないのである。第三に，筆者は農民へのインタビューを通じて，以下のような事実を発見するにいたった。食糧の農家販売価格と市場販売価格が上昇したとし

ても，食糧を生産する農民の所得は増えているとは必ずしも言えないのである。第四に，農家一人当たり所得の中で，非農業所得の割合がますます増えているが，しかし，それは若い農民による都市での出稼ぎの所得の結果である。仮に，農家が純粋に農業生産のみに従事すると考えてみよう。その場合は，農業収入・所得は極めて少額である，という事実がある。この点については本書の第4章で具体的に説明している。仮に農業生産に特化した農家の所得が大幅に増えたと仮定すれば，大量の農民が農民工になる現象は発生していなかったであろう。

このような農村問題について，松尾は，「中国の社会制度としての都市戸籍と農村戸籍」で考察を行っている。そこでは，社会的・経済的・制度的視野によって，1949年の中華人民共和国が成立した後の計画経済時期から改革開放後の市場経済時期にかけての戸籍制度とその歴史的な変遷が論じられている。松尾は，中国における戸籍制度と日本における戸籍に関連した社会制度との比較を通じて，次のように指摘している。すなわち，「日本の場合，原則的に言えば，戸籍に何も付加価値を設定しなくなった」[28]，と述べている。更に，「中国型社会主義の特色は，さまざまな論者がさまざまな観点から論じているが，一言で言えば，中国独自のヒト・モノ・カネという経済的要素の社会主義的管理システムであり，とりわけ最後まで残存した制度としての戸籍制度にその特色を求めることができる。この戸籍制度は，ヒトの自由移動を極度に管理・抑制する社会制度であるばかりでなく，さまざまな付帯的条件を絡み付けている」[29]，と述べる。更に，松尾は都市戸籍と農村戸籍間の変更問題を論じて，次のように叙述している。「社会主義の中国は，社会主義市場経済と農村と都市の戸籍制度によって基礎づけられている。中国における固有の身分制度・社会制度としての戸籍制度の諸問題については，複雑な背景が存在する。戸籍を変更することは中国の特殊な事情によって，きわめて困難であり，その困難さは住居の自由を実現すること，国内を自由移動すること，自分の働きたい場所で雇用を探すことが困難であること，戸籍地を離れては教育などの社会サービスを受けることができない，と同義である」[30]，と論じられている。戸籍の制度が，社会を規定するという分析

には，全く同感である。

　ところが，中国では「改革・開放」政策により，市場経済が導入された。それでは，中国政府が施行している経済の根本は，市場経済ということなのか。松尾秀雄の観点は次のようである。すなわち，「資本主義の勃興の秘密は，農村人口を都市に流動化させることという，『資本の原始的蓄積』にあるが，中国では，都市に行けない9億ないし10億の農村人口が，巨大な農村部に資本主義を勃興させることで，中国型の市場経済を発展させた」[31]，と述べている。現在，計画経済時期の戸籍制度が残存しているが，中国政府は人為的に「都市」と「農村」を分離し，都市部には計画経済時期の大手国有企業が依然として存在している。それらは株式会社化されたとは言え，事実上は，銀行は公有制であり，国家などの機関が過半の株式を所有している。このような分析をふまえるならば，中国の経済制度を「半計画・半市場経済」と呼ぶ方が，一層正確な表現になる。

第1章　戸籍制度と農民工問題

第1節　戸籍制度の変遷と「農民工」の発生

　「農民工」の概念について考察したい。そのためには，中国における戸籍制度の変遷に依拠しなければならない。中国では，戸籍は数千年の歴史がある。1950年代後半において，中国政府は厳しい戸籍制度を作り上げた。その主な内容は中華人民共和国の国民を二種類に区別し，「都市戸籍」人口と「農村戸籍」人口とに分類するというものである。「農村戸籍」を持っている国民は「農民」と呼ばれ，農業生産だけに原則としては従事することとする。農業生産に従事しなくて良いことは良いが，随意に都市部に入ってはいけないのである。「都市戸籍」を持っている国民は「市民」（都市住民）と呼ばれ，殆どが政府系の公有企業の労働者である。中国の農民にとっては，「農村戸籍」を「都市戸籍」に変更することは極めて困難である。

　中国の中央政府が公布した文書から見れば，政府が最初に人口の自由移動を規制する措置を公布したのは，1953年4月17日に公布された「政務院勧告，農民がむやみに都市部へ流入することを阻止する指示」である。次のように叙述していた。「目下，都市部の建設がまだ始まっていないので，労働力の需要は限りがある。農民がやみくもに都市に入ると結局は，都市部では失業人口数が増え，就職の困難をもたらすことになり，農村部では，労働力の減少のために，春の耕作と播種は影響を受けて，農業生産の損失がもたらされることとなる」[32)]。この文書の語調は温厚で，強制的な語調・語感ではなかった。例えば，都市部に既に就職した農民に対して，帰郷を働きかけ，且つ交通費を支給する（第四条）。都市部にまだ就職していない農民に対して，やはり帰郷に働きかけ，そのうえ，政府は交通費の足りない農民に補助を与

える（第三条）。これらの箇条が十分に農民の自由を尊重していた。

　1949年以降，元来，中国の戸籍制度は「社会の治安を維持し，人民の安全，居住，自由移動」[33]を守るために作り上げられた社会管理制度であった。1951年7月16日に，公安部が「都市戸籍管理暫行条例」を公布した。対象は都市部の住民であった。それは中華人民共和国が成立した後の，最初の戸籍法規といえる。そこでは，市民は出生，死亡，転入，転出などの状況に対して，必ずすみやかに地元の公安機関に報告することが定められ，政府は適時に都市人口の増減を把握することが可能となった。出生の場合は生まれた後一か月以内，死亡の場合は納棺の前24時間以内であり，転出の場合は事前に，転入の場合は転入地に到達した後三日間以内に地元の公安機関に報告しなければならない。社会管理の体制として，いかなる国家でも各自固有の登録と管理の施策を持っている。しかし，制度の内容を見れば，中国の戸籍制度は，極めて特殊なのである。

　1951年に作成された都市戸籍人口の登録制度を基礎として，1955年6月22日，国務院は「国務院，平常戸籍登録制度構築に関する指示」[34]を公布した。その指示によれば，人口の出生，死亡，転入，転出などの登録が全国まで拡大された。都市部でも，農村部でも，戸籍登録制度を作らなければならないものと定められて，全国的な規模で都市と農村の戸籍登録の様式が統一された。

　この点に関して，潘家華，魏后凱は次のように述べている。「国民経済と社会発展は工業を主導とし，都市を中心とするので，政策の重心がかなり工業と都市に傾斜している。従って，工場の労働者の待遇と都市の発展は農民と農村より優位である。故に，『市民』と『農民』の格差が生まれ，『都市』と『農村』の格差が生まれた。その格差があるので，農民が都市に憧れている。1952年から，農民は大量に都市に流れ込む現象が出てきた」[35]と紹介している。

　1953年から1957年にかけて，中華人民共和国中央人民政府は旧ソ連の計画経済体制を模倣して，「第一次五カ年計画」を導入した。主な内容は，旧ソ連の資金と技術の援助の下で進められた156件の建設プロジェクト案件を中心として，694件の大・中型建設プロジェクトを重点として，重工業の建

設に力を集中したことである。この計画経済について，植村は「これに対応して国内の社会経済体制も計画経済に整合したものに再編することが求められた。すなわち，それまで工業力が皆無に近かった中国が急速に重化学工業化するために，まず計画・指令方式による強力な資源配分が必要となった。この点を明確にしたのが，1953年6月に毛沢東が公表した「過渡期の総路線」である。……工業化とともに「農業，手工業，資本主義工商業に対する社会主義的改造」を進めねばならないと主張する」[36]，と解明している。ところが，欧米の工業国家の経済発展過程を参照する場合，イギリス・フランス・ドイツ・アメリカでも，軽工業（綿紡績工場）を起点として，資金と技術を蓄積していったという経済史的な事実が存在する。更に，軽工業は大量に労働力を吸収できるので，失業率を押し下げるように作用する。生産された軽工業産品は国民の日常生活における要求を満たす。次は，軽工業と農業の関係は極めて緊密で，軽工業を進めると同時に，原料の供給源としての農業の発展を促進できる。しかし，中国は逆の道を歩んでしまった。中国共産党の指導者は経済成長を無理矢理に強行しようとし，中国経済の基本的情況に認識を欠いていた。李玉栄，王海光は次のように述べている。「1956年，経済面において，急進的発展が現われる。企業は計画を超過して，経済成果を誇示せざるを得ず，そのために，大量の労働者を募集した。都市部の人口圧力は俄かに上昇し，それを受けて，都市部においては治安，食糧供給，就業の全面的な緊張局面が現われた」[37]，と。農民が労働者として大量に都市へと流入した事態を受けて，1958年1月9日，毛沢東は1号主席令に署名した。すなわち，「中華人民共和国戸籍登録条例」である。戸籍管理の主旨，戸籍登録の範囲，戸籍登録の責任機関，戸籍簿の役割，戸籍の申告と取り消し，戸籍の変更と手続き，常駐人口と一時滞在人口の登録などを明確に規定している。その条例の第十条には次のように規定している。「公民は農村から都市への移動を希望するのであれば，労働部門の採用届けあるいは大学などの合格通知書，あるいは都市部戸籍登録機関が作成した転入許可証明を所持しなければならない。常駐地戸籍登録機関に申し込んで，転出手続きのための書類を作成するものである」[38]，と述べている。その制度の目的は，主に「第

一次五カ年計画」によってもたらされた都市人口の急速な増大に対処するための人口自由移動制限の規定であって，これが農村と都市の間に人為的な見えない壁を作った。農村と都市に分離する「二元経済体制」が形成された。李，王によれば，「都市と農村に分離する二元戸籍制度は，重工業を優先的に発展させるという工業化戦略を内容とするソ連の計画経済体制の導入の帰結でもあった。また，二元戸籍制度は『統一買い付け・統一販売』政策とも密接に関連している。『第一次五カ年計画』期において，『統一買い付け・統一販売』政策によって，都市部と農村部の格差が持続的に広がる。そこで，都市部と農村部との利益衝突が激化してくる。国家はこのような資本蓄積の形式を確保するために，農業の集団化を急いだのであり，農民を農村に固定化させようとした。他方では，国家は二元戸籍制度の制定を急ぎ，更にその戸籍制度を完全にして，もって農村人口が都市部へ流入することを制限し，都市部の日常生活の安定を保証しようとしたのである」[39]，と分析している。引き続き，1959年2月4日，中央政府は「中共中央，農村労働力移動を制止することに関する指示」を公布したが，その中ではその指示の動機を表明した。すなわち，「過去の2，3か月以来，農民がやみくもに移動（主に都市部に入る）する現象は極めて猛烈な状況である。河北省，山東省，河南省，山西省，遼寧省，吉林省，安徽省，浙江省，湖北省，湖南省などの不完全な統計に基づいての推測であるが，本籍地を離れて外出した農民は約300万人……従って，有効な措置を講じて制止しなければいけない」[40]，と述べている。いわゆる盲流現象が発生したのである。李強によれば，「その時，政府内部の規定によって，全国各地では毎年に農村戸籍から都市戸籍に変更する人数は当時の非農業人口数の0.15％を超えることは許されない。この政策は『文化大革命』が終わった後でも，変わっていなかった。1977年11月，国務院の『公安部が戸籍の変更を処理することに関する規定』は，また厳しく，農村人口の転出を制御していた。そのうえ，通知書には再び明確に規定され，戸籍変更の人口が0.15％を超えてはいけないとされたのである」[41]。1964年8月14日，国務院によって承認，公安部によって公布された「公安部が戸籍の変更を処理することに関する規定（草案）」では，最後のところに「以上の提案は

関係部門によって内部的に把握されればよく，外部に宣伝することに及ばない」[42]，と言及されている。その第二条は，「農村から都市に，集鎮[43]に転入することと集鎮から都市に転入することに対して，厳しく制限する。小都市から大都市に転入し，他の都市から北京，上海に転入することに対して，適当に制限される。但し，以下の情況[44]に対しては，制限はなく，戸籍の変更が許される」[45]と規定している。これこそが分離政策の実質的な起点というべきであり，中国の農民は都市に入る道が徹底的に封鎖されたのである。

潘・魏の著書では，「1980年9月になって，公安部などの部門が連合によって，『一部分の専門技術幹部の農村の家族を城鎮に移入することに伴う食糧の供給問題を解決するための規定』が公布された。定期的に，組を分けて，専門技術幹部の農村家族を城鎮に転入させる問題を解決することが提出された。……これで，戸籍変更の限度が0.15％から0.2％に調整された」[46]，と紹介されている。その政策から見れば，変更を許可されたのは「専門技術幹部」の農民家族だけであり，全体の農民に対するものではないということが分かる。ところが，この政策は，前の戸籍変更の限度を緩め，農村人口が都市に転入する制限としては，少し緩められたものとなっている。1984年10月13日，国務院により「農民が集鎮に転入居住することに関する国務院通知」[47]が公布されたが，次のように規定されている。すなわち，「凡そ農民と家族は集鎮で就労し，商売し，サービス業を行いたいと申請する場合では，集鎮に固定住所を持ち，経営能力を持ち，及び長期間にわたり郷鎮企業，政府付属部門で従業している農村戸籍人口に対して，公安部門として定住することを許可する。適時に定住手続きをして，『食糧自弁戸籍簿』を配布して，非農業戸籍（都市戸籍）として統計に参入する。食糧部門として，価格改定の基本食糧と食用油の供給を行うために，『基本食糧と食用油（価格改定済）供給簿』を配布する」，とある。換言すれば，その部分の「非農業戸籍」人口が，「市民」と違うということである。しかし，その政策（1984年10月13日）と1980年に公布した政策とを比較すれば，専門技術幹部の農村家族に対してだけではなくて，農民全体を対象とするように変更されたということになる。この時期は，農民は集鎮には流入が許可され，都市部へは流入は禁止された

が，それにも，申請という手続きが要求されていたのである。だが，農民は，半自由移動と半自由定住の権利を獲得した。

　潘・魏の前掲書ではまた，次のようにも説明される。「実は，農民はただ城鎮労働力の補充のためだけであって，正規の就業者ではなく，城鎮の市民になることはありえない。農民は集鎮に転入することが許可されたが，普通の都市（特に大都市）は農民に開放していない。次に，農民は必ず自分で食糧を用意して，集鎮に転入し，集鎮の政府部門は原則として農民に食糧を供給しない（供給しても，値上げした価格での食糧）のである。故に，集鎮に転入した農民は集鎮により提供されるサービスを受けられなかった（当時，食糧供給は最も重要なこと）というものである。第三に，農民は集鎮に入って，就業や商売やサービス業をすれば，基本的に露天市場[48]，小さい店舗，小さい作業場などの社会保障のない領域に参入することとなり，重労働の部類に入る。しかし，社会保障付きの就業進路，特に国有企業や政府付属部門等が計画的募集する仕事は依然として農村労働力の採用に対しては厳しく制限を加える」[49]，と述べている。1984年10月15日，労働人事部と城建部は，連名で，「国営建築企業は農民を契約制労働者として採用する件，及び農村建築隊を使用する件の暫定法」[50]（1991年7月25日より失効）を公布した。12月19日，労働人事部により「交通，鉄道部門，積み卸し運搬作業に対して，農民交替労働者制度を施行する件，及び請負労働者を採用することに関する試行法」[51]（1991年7月25日より失効）が公布され，1986年5月8日，鉄道部により「農民交替労働者制度を施行することに関する暫行規定」[52]（2003年6月17日より失効）が公布された。これら三つの政策の共通点は：（一）募集対象は35歳以下の男性農民でなければならない。（二）契約期間は3〜5年間で，期限になると農村に戻らなければいけない。（三）農民としての身分は不変であり，雇用企業所在の地方政府部門は「値上げ食糧」を供給し，価格差の分は雇用企業によって負担する。（四）農民に提供した仕事は過酷な肉体労働と危険な仕事である。

　この共通点によって，農民が従事する労働と都市戸籍民が従事する労働が厳格に区別されることとなった。これらの政策では，雇用された男性農民に

限り都市地域で短期的な就労のチャンスを与えて，収入は都市戸籍労働者と同じ，とすることを示している。しかしながら，本質的に農民の身分が変わっているわけではない。また社会的地位も高まっているわけでもなかった。1986年7月12日，国務院により「国有企業，労働者を雇用することに関する暫行規定」(2001年10月6日に失効)が公布された。第十二条は次のように規定している。すなわち，「企業は労働者を雇用すれば，当然に城鎮の範囲で雇用するべきだが，もし農村から来た労働者を雇用すれば，国家により規定したのを除いて，省，自治区，直轄市の人民政府に申請しなければならない」[53]，と述べている。潘・魏によれば，「農民が城鎮に入って，就職や商売やサービス業をすることは城鎮自身の発展を前提とすることで，一旦，農民が都市に入りすぎ，城鎮住民の就業に影響を与えるようなことがあれば，あるいは，都市部の政府管理部門は外来労働力を必要としないと判断する場合は，城鎮の大門は随時閉鎖になるものである」[54]，と述べられている。

　これらの政策の積極的意義は，1958年から厳しく施行された戸籍制度及び都市と農村間に分離された「二元経済構造」が柔軟になってきたということである。潘・魏の共著では，「1980年代の末期になって，改革・開放の推進と商品経済の発展に従って，故郷から離れて，都市へ出稼ぎに行く農民はますます多くなった。特に，長江デルタ，珠江デルタなどの東南沿海地区では，海外の資本の導入に基づいて，郷鎮企業も勢いよく発展して，農村部の剰余労働力に対する需要が表れた。そこで，安徽省，江西省，四川省などの農民は続々と東南沿海地区に移動してくるが，『民工潮』[55]が発生した。『民工潮』の規模が毎年増加して，1988年に，『民工潮』の人数は3,000万人に達した。／大規模の『民工潮』が交通運輸と都市管理に圧力をもたらした。1989年の旧暦新年後，また3,000～4,000万人の農民は都市へ出稼ぎに行った。……各地区各政府部門は協同した処理を通じて，農民は闇雲に流出の傾向がある程度にコントロールされた。しかし，1990年と1991年の『民工潮』が依然として2,500万～3,000万人に達した」[56]，と紹介されている。

　1978年12月18日から12月22日にかけて，「中国共産党第十一期中央委員会第三回全体会議」(略称を第11期三中全会という)が北京で挙行された。こ

の会議は中国の経済面，社会面にとって，画期的意義を持つ会議である。更に，「文化大革命」の時期の政治的経済的事象が清算され，毛沢東が指名したとされる後継者「華国鋒」の失権と「鄧小平」の権利掌握が確定した。「解放思想，実事求是」の思想路線が確立され，今後，党と国家の主な仕事は経済建設に変更され，「改革・開放」を施行することが合意されたのである。これを契機にして，中国は「鄧小平時代」に入り，彼は中国社会を15年間支配した。彼は，尊敬を込めて，「改革・開放の総合デザイナー」と呼ばれた。1980年代になって，中国における「経済特区」[57]，外資企業が出現する。しかし，10年余の「改革・開放」は90年代に入って，経済効果は大きく停滞することとなる。ここにおいて，1992年1月18日から2月21日にかけて，鄧小平は武昌市，深圳市，珠海市，上海市などの地区を巡回・視察し，重要な講話（南方講話）が発表された。「中国はもし『改革・開放』や経済発展をしなければ，国民の生活水準を改善しなければ，どんな道を歩んでも，絶望の一本道である。われわれは数十年を無駄にしてしまったが，先の数十年を無駄にしなければ，中国の様相は全く違うようになるだろう，無駄にしてはいけない，中国は数千年間貧困であったのだ……」[58]。これは，テレビ報道で公表された内容である。鄧小平の観点は中国共産党の思想面の大解放をもたらすこととなった。それを契機にして，中国経済は対外開放の歩調が加速されることとなった。いうまでもなく「改革・開放」政策の核心は社会主義的統制経済の色彩を弱め，市場経済の原理を大胆に導入した点につきる。中国の経済建設は新しいページに入った。海外からの直接投資の導入と，それに伴う産業や流通部門への先端技術の導入が進められ，経済発展は原動力を得，都市部労働力の需要が大幅に増え，安価な労働力を無尽蔵に提供するかのように農民工の人口は毎年のように増大していった。

第2節　農民工の概念と基本構成

ⅰ.農民工の概念

中国国家統計局は，「全国農民工監測調査報告」という報告書を公表し，

農民工の基礎的データの整理を行っている。「全国農民工監測調査報告」によれば,「全国農民工の規模,移動,分布,就業,収入・支出,生活及び社会保障などの情況を正確に把握するために,2008年に中国国家統計局により『農民工監視測定調査制度』が構築され,農民工の輸出地域(出稼ぎ先)で監視測定調査が行われている。調査範囲は,全国の31カ省(自治区,直轄市)の農村地域であり,1,527カ県(区)に8,930カ村と23.5万人の農村労働力を調査対象としている。訪問調査の形式を採用しており,四半期ごとに調査を行っている」[59],と述べている。

また,「農民工とは戸籍が依然として農村戸籍であり,地元で非農業に従事し,あるいは外出(戸籍地を離れること)して,期間が6カ月を超えて,就職する労働者のことである」[60]という定義が付与されている。農民工は1980年代に計画経済から市場経済に転換する際に,中国の工業化の進行過程を速めることを目的として生み出された特殊な身分と把握されているのである。

通常の都市労働者と異なり,農民工は農村戸籍を持っているが,その戸籍の存在のために,農民工は,都市社会あるいは都市工業労働者の中に溶け込むことが妨げられている。更に,都市住民向けの一連の義務教育・医療サービスといった福祉制度から排斥される。確かに貨幣収入に即して見れば,農民工は農地から離れ,更に居住地としての本籍地から離れて,都市での労働に従事し,農業で得られる収入よりも高い収入を得るというメリットを享受することができる。しかし同時に,農業に従事する農民との間に隔たりが生じ始める。職業としての農民ではないが,社会的な身分としては農民である農民工たちは,在村農民たちの感情的,心理的な距離をますます拡大している。そのため,農民工は農民ではなく,しかも正規の都市住民でもないという極めて不安定な状態に置かれているのである。農民というアイデンティティーが喪失されてゆくという危機なのである。

ii. 農民工の基本構成

A. 第一世代農民工

「報告書」では、「『第一世代農民工』とは1979年以前に生まれた農民工のことである」[61]、と定義されている。1978年に、農業改革が施行され、中国における社会主義計画経済体制で農村の象徴的な存在であった「人民公社」（1984年をピークとして、ほぼ全面的に解体された。例外的に1～2の人民公社が今でも機能している）が解体され、「農家生産請負制」が導入された。その生産方式の変化は農村生活に劇的変化をもたらした。

1984年には、26年間続いた都市と農村の「二元戸籍制度」が柔軟になってきたということである。1984年10月13日、「農民が集鎮に転入居住することに関する国務院通知」の公布に従って、農民は自分で資金を調達することと価格改訂済食糧を購買して、集鎮で就労することが許された。更に、中央政府は一連の新しい政策を立てた。この時期の労働力移動は萌芽段階であり、規模が比較的小さく、移動範囲も比較的小さいものであった。1980年代になって、東部沿海地域の農村における労働力を吸収するための組織としての「郷鎮企業」が登場し、農村内の非農業として一時脚光を浴びた。1992年に、鄧小平の「南方講話」に基づいて、「改革・開放」の堅持と経済成長の加速を呼び掛け、加えて、1993年には農産物の「統一購入・統一販売（統購・統銷）」[62]も廃止され、全国各地の農民は農村から都市へ、あるいは内陸部から沿海部へと移動し、移動範囲は拡大し、労働人口にも増加がみられた。この時期の農民工は「第一世代農民工」と呼ばれている。

B. 第二世代農民工

「2013年全国農民工監測調査報告」では、「第二世代農民工」の概念が確定された。すなわち、「『第二世代農民工』とは1980年以降に生まれた農民工である」[63]、と。「第二世代農民工」は二種類で構成されている。すなわち、一つは、既に都市にいる「第一世代農民工」の子供として生まれてきた人のことである。これらの子供は農村部で生まれて、あるいは都市部で生まれて、あるいは親のそばで成長して、あるいは戸籍地で成長して、都市部で就労している人々である。もう一つの「第二世代農民工」は、彼らの親は農村で生活・労働しており、「第一世代農民工」ではない。彼らは学校を卒業したあと、

都市部へ移動したものである，同様に「第二世代農民工」と呼ばれる。中国国家統計局は単に時間を基準として，1980年以降に生まれさえすれば，農村部で生まれたとしても，都市部で生まれたとしても，皆「第二世代農民工」と呼ばれると定義するのである。

　一般的に「第二世代農民工」の多くは，農村部において教育を受け，中学校あるいは高校を卒業した後，都市に入り，自営もしくは労働報酬によって生計をたてている。基本的には農作業の経験がなく，「農業」，「農民」，「田畑」に対して，あまり多くのことを知らない。そのため，農業や農村部に対しては希薄な感情しか持っていないが，その一方で，彼らは都市の住民と打ち解けて，付き合うことを渇望している。年齢層別に見ると概ね20〜30歳代である。「第二世代農民工」は現在においては，中国農民工の主体になっている（表1，表2参照）。

表1　農民工規模（人数単位：万人）

年次	2008年	2009年	2010年	2011年	2012年	2013年	2014年	2015年	2016年	2017年
農民工人数	22,542	22,978	24,223	25,278	26,261	26,894	27,395	27,747	28,171	28,652

出典資料：2009〜17年毎年の『全国農民工監測調査報告』を基に作成。

表2　第二世代農民工規模（人数単位：万人）

年次	2013年	2014年	2015年	2016年	2017年
第二世代農民工人数	12,528	12,876	13,457	14,001	14,469
第二世代農民工比率	46.6％	47.0％	48.5％	49.7％	50.5％

出典資料：『2017年農民工監測調査報告』により筆者作成。

第3節　都市部の農民工の調査実例

ⅰ.朝市，晩市の個人経営者（農民工）

　中国の各都市に住む多くの農民工は個人経営者の身分として販売業に従事している。彼らは店舗を持っておらず，一般に都市部の工商行政管理局の管理のもとで，定められた域内（露天）で販売活動を行っている。その区域は民家が密集している地域である。経営者たちは毎日，規定の時間帯に野菜，

果物，水産品，干物類，豆腐及びその加工製品，日常生活雑貨などを販売している。朝市と晩市では，販売業に従事している経営者の中で，農民工の比重が大きいという事実が存在している。

筆者は大連市旅順口区都市部に位置する朝市（九三路に位置），晩市（啓新街に位置）を実地調査した。農民工経営者へのインタビューを通じ，様々な情報を得ることができた。

これらの農民工の殆どは20～45歳程であり，吉林省，黒竜江省，山東省，山西省，河北省などの農村から旅順口区まで商売のために来ている。彼らの大半は郊外区域あるいは都市に隣接した農村の賃貸部屋に住んでいる。そこには多くの平屋があるため，家賃は約200元（日本円では約3300円）と手頃である。都市部では，50 m^2以下のマンションの賃貸料は少なくとも750元（日本円では約12500円）である。農民工の一部は郷里の特産品を旅順口区まで運んで販売している。例えば，山東省の干し棗，吉林省と黒竜江省産のキクラゲや松の実，松茸，オニクルミ，榛の実などである。普段このような経営者は小売りするだけではなく，仕入れが多い場合には，他の経営者に卸している。

朝市と晩市では，経営者が賃借する店舗スペースは1.5 m^2を単位とし，経営規模が大きい経営者は，3 m^2または4.5 m^2を賃借している。市場管理所（工商行政管理局の下級機関）は朝市と晩市の経営者を管理している。公務員は毎月25日に，店舗スペースに翌月の管理費という名目で賃借料を徴収に来る。1.5 m^2の店舗スペースは，毎月の管理費は300元である。経営者は営業日数に関わりなく，毎月の管理費が一定であるため，雨の日でも，テントを張って平常通り営業している。時に管理費未納が生じたとしても，朝市あるいは晩市で商品を販売している。しかし，管理費を納入している経営者に告発され，市場管理所の公務員に追い払われることになる。他方，経営の規模が拡大しない。ある経営者は本人が経営にせずに，毎1.5m^2の店舗スペースを毎月400元以上の価格で他人に賃貸している。その価格は普通の賃借料より高いが，経営したい人にとっては饒幸といえよう。

旅順口区九三路に位置する朝市（写真1，2，3参照）は，営業時間が朝5

(写真1)　　　　　　(写真2)　　　　　　(写真3)

出典：撮影場所：大連市旅順口区九三路朝市
日時：2016年7月15日　撮影者：筆者

時から8時までである。実際の営業時間は大体8時半頃まで延長されている。8時頃になると，市場管理所の公務員はこれらの経営者に終了を促し，経営者らが続々と離れた後，市場管理所が雇用する清掃者が掃除を始め，ゴミを収集する。そこにショッピングに来る人の殆どは中年層及び定年になった老人であり，若年層は殆どいない。朝市では，個人経営の店舗スペース数が540台である。そこで経営している人は外来農民工と都市部の周辺にある農村の農民である。筆者は経営者に一人一人に聞き取りを実施した。その調査で外来の農民工が経営している店舗スペース数と地元の農民が経営している店舗スペース数は，それぞれ50％でほぼ同数であることがわかった。ここで経営している地元の農民は，請負った田畑で温室を作り，野菜や果物などの農産物を生産している。都市部までの距離が遠くないため，朝2時起き，農産物を収穫している。昔は馬車で運んでいたが，現在はモーター付き三輪車で，朝5時頃には朝市へ運び，販売している。外来農民工経営者の多くは卸売市場から地元農民が販売しない野菜や果物を仕入れ販売し，あるいは日常生活用品を販売し経営している。これらの外来農民工経営者が販売している商品の特徴は，仕入れコストが低く，運搬しやすいよう小さめである。また，外来農民工は畜産農家の飼育場から直接に生きた羊や牛を仕入れ，販売できるよう処理をした後，羊，牛を丸ごと朝市まで運んでいる。経営者は顧客が欲しい部位を必要な量だけ測りにかけて販売している。経営者は一頭

ごとの羊，牛肉を販売することで，その肉は本物だということを顧客に証明している。中国では，牛肉，羊肉の価格は鶏肉，豚肉よりかなり高いため，スーパーや料理店が販売している冷凍牛肉スライス，羊肉スライスの場合は混ぜ物が混在していることがある。そのような事件はマスコミでよく報道されている[64]。偽物牛肉は，ダック肉や豚肉など安価な肉を使用し製造される。それらの肉を牛の油に浸すことで，牛肉の味に近付け，その後，機械で円柱の形にし，冷凍したものをスライスし，顧客に提供される。偽物羊肉の作り方もおおよそ同じだ。しかしながら朝市の現場で切って販売されている牛肉，羊肉は本物であるが，価格が高いため，毎日の販売量がさほど多くない。

　旅順口区啓新街の歩道に位置する晩市（下記の写真4，5，6，7参照）の営業時間は16：30〜19：30である。実際には，15時頃から一部の経営者は販売を始めている。20時頃には基本的に経営が終了している。晩市では，個人経営の店舗スペース数が420台である。顧客の多くは，仕事終わりのビジネスマンや労働者が中心である。晩市で経営している人の殆どは外来農民工と地元の都市戸籍を持っている失業者である。筆者が経営者に聞き取りをしたところ，外来農民工が経営している店舗スペース数は全体の約3分の2を

（写真4）

出典：撮影場所：大連市旅順口区啓新街晩市
　　　日時：2016年7月15日　撮影者：筆者

第1章　戸籍制度と農民工問題

(写真5) 　(写真6) 　(写真7)

出典：同上　　　　　出典：同上　　　　　出典：同上

占め，旅順口区の都市戸籍を持つ失業者が経営している店舗スペース数は約3分の1であることがわかった。外来農民工経営者の多くの人は，九三路の朝市で営業をした後，午後，啓新街晩市で営業を続けている。これらの農民工経営者は一般的にはモーター付き三輪車（3800元）を使用し，朝市と晩市の間は，三輪車で移動し，通行人が多い所を探し，販売している。19時30分になると，朝市と同様に市場管理所の公務員は晩市経営者に終了を促し，経営者が続々と離れた後，清掃者が掃除に入る。夏季以外，20時頃には暗くなり，清掃が徹底できないため，翌日朝4時頃，清掃者が歩道を清掃する。

ⅱ.農民工経営者調査

1，A氏夫婦（調査時点：2016年7月）

　A氏夫婦は，2016年現在で，二人とも36歳である。夫婦には娘が二人いるが，山東省の郷里に残し，祖父と祖母が孫の世話をしている。時には二人の娘が夏休みを利用し，A氏夫婦の元に来て，何日間か滞在する。2004年，夫婦は故郷を離れ，大連市旅順口区で，個人経営者になった。当初は，郷里産の棗のみを販売していた。A氏夫婦は山東省産の棗の知識があるため，顧客に山東省産の棗の特色や棗の貯蔵方法などを教えて，リピーターも増えて経営は順調だ。当初は，毎日，夫婦は自転車で運搬していた。その後，次

第に販売する商品の種類が増えたため，中古のモーター付き三輪車を買った。現在，夫婦が販売している食材は棗，キクラゲ，クルミなど様々な乾燥果実である。朝，A氏夫婦は九三路朝市で4.5 m²の店舗スペースを賃借し，販売している。16時頃には，二人は啓新街晩市で販売を続け，朝市同様4.5 m²の店舗スペースを賃借している。夫婦二人は休みがない。このような経営者は個人事業者であるので，いつ，何日間休むか，自分で決めることができる。だが，A氏夫婦は，「毎日朝から晩まで精を出して働き，毎週1日，2日休みたいが，毎月1800元の管理費のことや娘のこと，更には病気の両親への仕送りのことを考えると，休みが取れない。休みが取れないため，身体には酷い圧力を感じている。休むのは地元の経営者のみであり，私たちのような外来人口は殆ど休まない」，と話した。筆者は，「休みの日がないこと以外で悩みがあるか」，と尋ねた。夫は，「ある。偽造の人民幣を預かることである。皆は額面50元，100元の人民幣に対しては，偽造防止マークを細かに見る。偽造の50元と100元の人民幣は市場で流通する量が多く，更に，額面が大きいため，皆は警戒心を抱いている。ところが，額面が10元や20元の人民幣に対しては，一般的に偽造防止を見ない。本物に近い偽造人民幣は，細かく見ず，触らなければ，発見されにくい。私は曾て1日に額面10元の偽造人民幣を3枚預かった」，と言った。最後に，筆者は「一か月分の収入はどのぐらいか」，と尋ねてみた。その問題に対しては，夫婦は直接返答をしなかったが，間接的に言った。すなわち，「店舗スペースの管理費を除いて，平均で毎月の収入は工場の労働者の収入と大差はない」と言った。

2．B氏（調査時点：2016年7月）

B氏は30歳（2016年現在）であり，独身である。2011年，吉林省の農村から大連市旅順口区に生計を立てに来た。彼が販売しているのは羊肉である。九三路朝市と啓新街晩市でそれぞれ1.5 m²の店舗スペースを賃借している。いつも，B氏は旅順口区農村地区の畜産場から直接生きた状態の羊を購入しているが，畜産場の従業員は車で羊をB氏の住まいまで運んでいる。B氏は販売できるよう羊を処理（羊を殺し，皮を剥き，内臓を摘出する）した後，

翌日，朝市と晩市で販売している。羊の頭や内臓，骨は，一般的な顧客は買わないが，時々，料理店の経営者が購入する。筆者は何度か羊肉を買ううちに，この経営方式と利潤について気になり，B氏に尋ねた。以下の内容はB氏の話である。

「1キロの豚肉の平均価格は25元ぐらいであり，1キロ牛肉の平均価格は56元，高くても60元である。だが，私が仕入れた羊は（1頭）一般的に40キロ程で，50キロを超えない。羊の骨をそぎ取ったとしても，精肉の部分は15キロから20キロ程である。肉の量が非常に少ないため，1キロあたり80元以上にしなければ，儲けはない。羊肉の価格が高いため，市場で販売している羊肉の内，冷凍羊肉の大半は混ぜ物がある。不思議なことは，消費者はスーパーで販売している安い羊肉や料理店のしゃぶしゃぶ，特に食べ放題の場合，偽物だと明らかに知っている。だが，顧客は何も気にせず購入し，食べている。しかしながら，皆は私が販売する羊肉は本物だと知っていたとしても，購入する人は多くない。羊肉は価格が高いため，皆はさほど羊肉を食さない。また，朝市と晩市で肉類を販売する場合，冷凍，冷蔵設備を取り付けられないので，私はいつも氷を用意しており，羊肉を運搬するときに使っている。朝市で完売しなければ，晩市で売り続ける。晩市で売れ残った羊肉を持ち帰って，冷凍庫に入れ，翌日にまた売っているが，価格は新鮮な羊肉より安い。時として顧客は羊肉の骨付きのモモ肉のような部分を予約する。私は予約者に残しておく必要があり，他の顧客にそれを売れない。料理店や企業の食堂が丸ごと羊を買う場合には，前以って私に連絡をしてもらうようにしている。私は羊を処理した後，取引先に送る。収入に関しては，すべての費用を抜いたとしたならば，平均で毎月3500元程だ」と語ってくれた。

ⅲ．契約労働者（農民工）調査

1，大連亜明自動車部件製造株式会社で働く農民工（調査時点：2016年7月）

大連亜明自動車部件製造株式会社は大連市旅順口区五一路5号に位置している。自動車用のジュラルミン製の高圧ダイカスト部品を生産する株式

会社である。主な製品はエンジンマウント，変速機ケース，クラッチケース，オイルパンなどである。長春市，南京市，北京市，重慶市に位置する自動車製造会社に部品を供給している。調査の時点において，当企業の従業員数は660人であり，その中で，専門技術者は19％を占めている。会社の敷地面積は約58,000平方メートルであり，固定資産は1億3,700万元である。各種の加工設備は共に430台余で，プロダクションラインは5本ある。企業は「ISO9001：2008サービス取り組み」，「ISO14001：環境の取り組み」，「TS16949:2002」，「VDA6.1/QS9000」などの認証を取得したとのことである。

　660人の従業員の中で，農民工は59人いる。年齢は25歳から40歳までであり，吉林省，黒竜江省の出身である。これらの農民工は全員男性であり，整理作業場で働いている。整理作業の意味は，製品に付属しているバリの部分を手作業で外すという作業である。過酷な肉体労働のために，女性ではできない。筆者の観察によれば，これらの農民工の仕事はやすりで自動車用ジュラルミンのバリを取り除いて，綺麗にしている。且つ，仕事は単純な動作に終始している。更に，作業場の環境が劣悪であり，室内の空気中に粉塵が拡散する。作業場には空気浄化設備はなく，農民工はガーゼのマスクをかけて作業している。農民工のみがこの工程に配置されているのには理由がある。それは，この仕事に応募する都市戸籍住民がいなかったためである。農民工だけが応募した。彼らの給料は出来高で計算され，毎月の手取り額は3,000元ぐらいという。この会社の総経理の宋氏は全員に五種類の保険料（医療，失業，年金，労災，出産）を支払う。それには農民工も含まれている。

　中国の年金保険，健康保険，失業保険，労災保険，出産保険については，中央政府機関は勤務先と個人の保険料の分担比率表を作成している。それに基づいて各市政府は地元の具体的状況によって微調整をしている。基準給料額は従業員の前年度の課税前の平均月収である。ただし，新規採用者の場合は一か月目の給料額もしくは契約によって合意された給料額を基準給料としている。このように，勤務先と個人は基準給料に基づいた比率によって納入分担を決定している。ところで，中央政府機関は随時に各種の保険料の分担比率を調整・変更し，各地方政府に通達する。各市の人的資源・社会保障局

はそれに応じて調整，更に微調整する。大連市人的資源・社会保障局は7月から翌6月までの12か月を一年度に規定している。大連市の各事務所は毎年の7月に基準給料額を決定している。具体例を紹介すれば，大連亜明自動車部品製造株式会社の場合は以下のように保険料の分担を行っている。

表3　五種類の保険料の納入比率（2016年）

保険種類	年金保険料	健康保険料	失業保険料	労災保険料	出産保険料
勤務先負担分	18％	8％	0.5％	1.6％	1.2％
個人負担分	8％	2％	0.5％	0	0

出典資料：筆者の聞き取り調査を基に作成。

　男性の場合は10日間の有給休暇をもらう以外に，出産保険が適用されない。妻が出産保険に入っていない場合，出産には夫が加入した出産保険が適用される。妻は夫の出産保険を利用する場合，どのようなサービスが得られるかは，各市によって政策が違っている。

　2010年10月28日に公布された「中華人民共和国社会保険法」の規定によれば，勤務先は従業員と分担して，五種の保険料を支払う義務がある。中国においては各種の企業の中で，国有企業，外資系企業，一部の株式会社は従業員と分担して，五種類すべての保険料を納入する。ところが，中国における圧倒的多数の存在である都市部の中小私営企業と農村部に立地する郷鎮企業は，必ずしもすべての保険種類について納入するわけではない。現実を見れば，任意の複数もしくは単数の保険のみに加入している。これについては，政府の管理部門は大目に見ている。

2．環境衛生労働者（農民工）（調査時点：2016年7月）

　筆者は大連市旅順口区環境衛生管理処で働く公務員（X氏）に対してインタビューが可能となり，以下に環境衛生労働者へのインタビュー調査をまとめた。

　これらの環境衛生労働者は，吉林省，黒竜江省，内モンゴル自治区，新疆ウイグル自治区，河北省，四川省，山西省，湖南省及び遼寧省西部（阜新市，朝陽市）から来た農民工である。全員が農民工であり，総人数は500人超え，年齢は30歳から60歳までである。女性は75％を占めている。この仕事は汚く，

重労働であり，都市戸籍住民はしたがらないのが実情である。

　旅順口区環境衛生管理処は，環境衛生労働者（農民工）のために五種類の保険料を支払っている。これらの農民工は毎月の手取りの収入は2,000元ぐらいである。その仕事はシフト制であり，平均で週1日休みがある。

　これらの環境衛生労働者は若干の組に分けられて，旅順口区都市部の各街道，道路に派遣されている。農村部では環境衛生労働者は働いてはいない。勤務時間は，朝2時半から夜の21時までであり，労働者はシフト制によって，毎日8時間働いている。朝2時半から労働する理由は，街道を通行する自動車が少なくなる時間帯だからである。彼らは時々残業して，時間当たり6元（約100円）である。故に，朝から夜まで，いつも路上に環境衛生労働者の姿が見える（下記の写真8, 9, 10, 11, 12参照）。彼らは道路の清掃をするほか，都市住民の生活ゴミを収集する。朝6時から7時にかけてが中心であり，夜20時まで行っている。重い肉体労働のために，一般にその仕事は男性労働者が負担している。詰められたゴミはゴミ収集車で大連市金州区毛営子生活

（写真8）　　　　　　　　　　　　（写真9）

出典：撮影場所：大連市旅順口区長春街道
日時：2016年7月12日　撮影者：筆者

出典：撮影場所：大連市旅順口区元宝坊
日時：2016年7月12日　撮影者：筆者

ゴミ処理場まで運び，地中に埋め，或いは焼却処理される。

　筆者がインタビューした労働者によれば，出勤の間に，適当な休憩を取るのは可能だが，担当区域の衛生を保証しなければならない。

(写真10)

出典：同上。

(写真11)

出典：同上。

(写真12)

出典：撮影場所：大連市旅順口区
撮影者：大連市旅順口区環境衛生管理処で働く公務員(X氏)

(写真13)

出典：同上。

他方，毎年10月下旬から11月末にかけて，環境衛生労働者は随時，落ち葉を掃き，冬になると，雪掻きを適時に実行する。短時間内での仕事量は大きい（写真13参照）。

第4節　中国農民工の宿命

　経済発展の歩みを踏まえて見れば，大量の農村労働力が都市部に移動することは，経済成長の歩みの中で正常な一歩であると言える。イギリス，ドイツなどのような先進国は，中国のような戸籍制度がないために，農奴制の崩壊に伴う資本の原始的蓄積に伴って，農民は農業生産から離れ都市に入って，産業労働者になった。あるいはエンクロージャー・ムーヴメントによって強制的に農村から追放された。しかし，中国における特殊な経済・社会制度の存在のために，都市部で就労している農民は，今後，かなり長い期間は依然として「農民工」と呼ばれると思われる。農民工の人数が多いが，農民工の利益を守る組織がないので，彼らは常に中国の労働力市場の中で弱者地位にある。いつも，勤務時間が長く，労働保護の欠乏などは既に農民工に受け入れられている。中国の都市部，特に大都市の様相は日進月歩である。しかし，都市部における人情は薄く，全社会は殆ど農民工のことに関心を払っていない。都市部の政府行政機関は農民工の心の声が聞こえないのであり，更に言えば，彼らの心の声を傾聴したくないのである。震撼的な事件が起こる場合に，人々の注意を引くことができるかもしれない。例えば，2003年，当時の国務院総理温家宝は農民工のために勤務先から未払い賃金に対して，請求する事件が起こった後，全社会の注意を引いた[65]。たとえ国務院総理が顔を出したとしても，彼の影響力は大きくなかった。数日を経て，国民大衆やマスコミはそのことに対する興味が薄らいでしまった。現在，農民工は依然として中国社会の最下層に暮らしている。

　農民工は青壮年時期に都市部で就労して，時間は一年一年と過ぎていって，最終的に老年の域に入る。時間が流れる如く去って，農民工の大部分は重い肉体労働に従事できなくなって，もしくは昔に身につけた技術が次第に新

技術に淘汰されるため，仕事の機会を失って，もしくは病魔に付きまとわれ，労働に従事できない状態となり，更に自活できないようになる。他方，農民工は労働過程に人身事故が発生したら，更に障害ないし死亡の場合には，獲得できる賠償も不合理であり，賠償をもらえないケースもある。そのうえ，農民工は法律手段で自身の権利を守りにくい。彼らは曾て日を重ねて，低技術的な労働もしくは肉体労働に従事して，更に，ある種の仕事は都市戸籍の人々はしたくないので，農民工のみが応募に来た。つまり，農民工は都市部で暮らす場合，職種の選択肢が少ないのである。農民工は体力と青春によって都市部で滞在する機会を受け取る。彼らは都市部の建設のために並々でない労力を費やして，結局のところ年金，医療などの生活保障がない。

　農民工の子女は都市戸籍人口のように小さい時から十分な教育を受けられないため，彼らは運命を変えるチャンスを失ってしまう。現在の第二世代農民工でも，将来の第Ｎ世代農民工でも，戸籍制度が存在しさえすれば，農民工の悲惨な運命が根本的に変えられないと思われる。

第2章　中国農民の悲劇

第1節　無地農民と失地農民

ⅰ. 田畑分配政策と無地農民

1976年に,「文化大革命」が終焉を迎えたがなお,中国国内の情勢は動揺して不安定であった。

1978年12月前後に挙行された「第十一期三中全会」の中心的テーマは,今後,「階級闘争」から「経済建設」に指導方針を転換すること,「改革・開放」路線を採用し,中国に固有の特色を持つ「社会主義市場経済」の建設を進めることであった。とりわけ中国の改革は,農村改革から開始されたのである。農村面の改革では,「農家生産請負制」が毛沢東時代の「農村人民公社」(集団生産労働制,集団所有制,1958年開始)に取って代わった。

1980年5月31日,鄧小平が公の席上で「農家生産請負制」について肯定的に言及した。

1982年1月1日,中央政府によって「全国農村工作会議紀要」[66](当年の中央1号文書)が公布され,「農家生産請負制」が施行された。直ちに,中国全農土の規模で新たに田畑が分配され,「農村第一次田畑分配」と呼ばれた。1984年になって,各地で,続々と田畑の分配が終わり,全国で「農家生産請負制」が施行された。

1984年1月1日,中央政府は「1984年農村における工作任務についての通知」[67](当年の中央1号文書)を公布して,田畑の請負期間は15年間に定めた。その時点で,一部の農村の郷政府は将来の田畑調整のために,前もって用意した田畑を確保しており,それは「機動地」と呼ばれる。この部分の田畑は農民に分配せず,郷政府あるいは村政府により経営されており,収入は地方

の政府財政に納める。所在地の人口が増えると，15歳になった農村人口に生産請負地として分配するのである。「機動地」は分配してしまえば，それから後に生まれる人々は請負の田畑が獲得できないという基本的矛盾を抱えていた。そこで，「第一次田畑分配」後に生まれた一部分の新生児たちは，15歳までの義務教育終了時点で一人前の成人農民となるが，同時に，中国の最初の「無地農民」(田畑なし農民)になった。

　農村における改革とともに，1979年から中国政府は「計画出産」[68]政策を施行した。中華人民共和国成立の初期には，出産を制限する政策がなく，夫婦は何人もの子供を産むことが自由であった。毛沢東の思想は，人口が多いと，国力が増強するという思想であった。

　1950，60年代に生まれた中国の人口増加の実態は，都市部でも，農村部でも，兄弟が4人，5人で，更に，多い家庭では7人，8人の子供がいた。1960年代初期に三年間の大飢饉が発生した。フランク・ディケーターによれば，4,500万人[69]がなくなった。その後，中国の人口は再び増加に転ずることとなる。1949年前後では5億4,167万人[70]であり，1953年，第一回国勢調査のデータによれば，6億193万人[71]であった。1964年の第二回国勢調査では7億2,307万人[72]であり，1979年に至っては，既に9億7,542万人[73]の人口に達した。

　1980年9月，中国共産党中央委員会は「第五期全国人民代表大会第三回会議」において，人口の少ない少数民族地区以外では，夫婦が一人の子供を産むことを提唱し，できるだけ早く人口の増加率を抑えることを政策として決定した。翌年，「第五期全国人民代表大会第四回会議」は，今後の人口政策を「人口数を制御し，国民の体質を高めること」であるとした。その主要な内容は以下の通りである。都市部に住んでいる市民は夫婦一組に対して，子供を一人しか産んではいけない。農村部において，もし一番目の子が女の子で，更に，夫婦両方が農村戸籍を持っていれば，二番目の子を産むことが可能，しかし，二番目の子は男の子であるか女の子であるかにかかわりなく，三番目の子を絶対に産んではいけないとされる。ところが，封建思想の残留があり，中国には数千年以来の男尊女卑のイデオロギーが依然として存在してい

る。特に，多くの農村家庭はどんな代価を払ってでも，男子出産を目標に設定する傾向が強い。「人口政策」に違反する家庭に対して，もし母親は妊娠期に発見されたら，病院に送られ，妊娠中絶が強行される。発見されない場合は，あるいは，原（戸）籍地から離れ，逃げ回って産んだ新生児に対しては，「社会扶養費」[74]（実は罰金）を支払わなければいけない。その費用については，各省，市，区政府は地元の平均所得によって定められる。「社会扶養費」を払うことで，中華人民共和国の（農村，都市）戸籍が獲得できるが，払わなければ，中国の国民（公民）として認められない，こうして生まれた子供たちは「黒孩子」と呼ばれる。その理由は，第二子以降の出生届けは処罰の対象となるので，（農村，都市）戸籍の登録ができない存在となり，学校教育や医療などの一連の行政サービスを受けることはできないようになる。農村においては，戸籍外人口は請負田畑が獲得できないという結果となる。

以下の写真は中国各地での人口政策のスローガンであり，これらの写真を見ると，中国人口政策の非人間性が分かると思う。

(写真14)

出典：http://image.baidu.com より引用。

「一人超生，全村結扎」というのは，「村では一人の女性が制限を超えて産んだならば，全村の出産可能年齢の女性は卵管結紮術を受けなければならない」という意味である。

(写真15)

出典：同上。

　「一胎上环，二胎结扎，超怀又引又扎，超生又扎又罚」というのは、「女性は一人子を産んだ後、避妊リングを使う。二人子を産んだ後、結紮術を受ける。女性は制限数以上の赤ちゃんを妊娠した場合、人工的に流産させられた後で、強制的に結紮術を受けさせられる。制限数以上子供を産んだ場合、強制的にその女性に結紮術をして、且つ罰する」という意味である。

(写真16)

出典：同上。

　「该环不环，该扎不扎，见了就抓」というのは、「避妊リングを使うはずの女性が使わなければ、結紮術を受けるはずの女性は受けなければ、発見されると、捕まえられる」という意味である。

(写真17)

出典：同上。

　「外出的叫回来，隐瞒的挖出来，计划外怀孕的坚决引下来，该扎的坚决拿下来」というのは，「原籍地以外に逃げた制限数オーバーの妊娠者を呼び戻し，地元で密かに制限数以上の赤ちゃんを妊娠する女性を掘り出し，制限数以上の胎児に対して，断固として堕ろし，結紮術を受けるはずの女性に対して，断固として遂行する」という意味である。

(写真18)

出典：同上。

　「今日逃避计生政策外出，明日回家一切财产全无」というのは，「今日は人口政策を逃避するために離れて，明日は家に戻ると，全ての財産がなくなる（罰金を課される）」という意味である。

(写真19)

出典：同上。

「超生，多生，倾家荡产」というのは，「制限数以上子供を産み，子供を多く産めば，その家の財産は傾いてしまう」という意味である。

(写真20)

出典：同上。

「引下来，流下来，就是不能生下来」というのは，「初期中絶をしよう。中期中絶をしよう。絶対に出産していけない。「新德五队＊＊＊＊＊＊夫妇妨碍依法计生公务被公安局拘留」という意味は，新德（村）第五生産隊の＊＊＊＊＊＊夫婦は人口政策に違反した。且つ法に違反したので，警察署（公安）に拘留された」という意味である。

(写真21)

出典:同上。

「举报计划外怀孕,生育行为的给予重奖」というのは,「政府は人口政策に違反する妊娠,出産のことを密告する人に大金の報奨金を与える」という意味である。

(写真22)

出典:同上。

「宁可血流成河,不准超生一个」というのは,「たとえ(中絶手術によって)河の流れのように出血が止まらなくても,もう一人の子供を産んではいけない」という意味である。

1997年は予定されていた「農村第一次田畑分配」の請負の期限（15年間）の年であった。すなわち，第二次田畑分配の実施年である。中央政府は「中共中央弁公庁，国務院弁公庁，農村田畑請負関係を一層安定し，完全なものにすることに関する通知」[75]（1997第16号文書）を公布した。第二条の要旨は：第一次田畑の請負に基づいて，次の請負期間は30年に延長される。更に，できるだけ大多数の農民は以前から請け負っている田畑を安定させる。昔の請負田畑を回収して，新たに田畑を分配してはいけないことが規定されている。農民と田畑分配の間にトラブルが起こる場合，「安定大事，僅かに調整」の原則に基づいて，個別の農民の間で，小さい田畑範囲に調整することは可能とされている。すなわち，すべての前提は「安定」である。ところが，局部の田畑調整でも，中央政府はルールを定めた。全村規模で新たに田畑を再分配することは禁止されていた。第四条の要旨は：しっかりと「機動地」を制御して，しっかりと管理すること。また「機動地」を用意していない農村に対して，「機動地」を用意しないで，将来，農民と田畑間のトラブルを解決する場合に，「安定大事，僅かに調整」の原則に基づいて，農民の間で個別に調整する。既に「機動地」を用意した農村に対して，「機動地」の面積は，村の田畑総面積の5％以下でコントロールされていなければならない。それに，機動地の活用は，農民と田畑間のトラブルを解決することにのみ限られる。オーバーした部分は，公平の原則に基づいて農民に分配される。国家は「機動地」の比率を厳しく制御する。地方政府は随意に機動地の面積を拡大して，将来において，この部分の機動地が国家に収用されれば，資金が流入する。あるいは賃貸されたら，収益が地方（村，郷，鎮）政府に納められて収益となる。こうなれば，極めて農民の利益を損なうことになる。だから，政府は前もって用意する「機動地」に厳しく制限を課す。その規定は既に田畑を獲得した農民の利益を保証したが，しかし，最初から田畑を獲得していない農民の利益は考慮されてはいない。「安定大事，僅かに調整」の原則によって，1997年以前の「無地農民」は全く田畑を獲得できない。更に，1997年以降に生まれた農村人口は田畑をもらえない可能性がもっと高くなる。なぜならば，2000年以降，中国農村部における都市化建設が加速されたために，

農村の田畑は大量に収用されてしまったからである。

　2003年3月1日に,「中華人民共和国農村田畑請負法」が施行された。「第二十八条：以下の田畑は請負田畑の調整に適用し,あるいは新たに生まれた人口は農地を請け負う。その農地とは,(一)集団経済組織(村,郷)が法により前もって用意した「機動地」。(二)法により開墾などの方式によって増加した耕地。(三)請け負う方(農民)が自ら返還を希望する田畑」[76],と。ところが,「機動地」に対して,すべての村が前以て「機動地」を用意したわけではなかった。それに,「機動地」を用意しても,面積が不十分なので,分配する面積には全く足りないのである。また新たに土地を開墾したとしても,1960年代以降,急速に増える人口に十分に分配できる耕地は既に無くなり,そのうえ,荒地を開墾することは,1984年に公布された中央1号文書の第八条により,荒山や荒れた河岸に植物を植えることは,国家あるいは集団(村,郷)が決定する事項となっている。個人が随意に荒地を開墾し,耕作することは禁止されているのである。農地の「返還」については,農民が都市で住宅を買い,生活をしている場合,大学卒業の学歴を持つ農村戸籍の人が都市で就職した場合などは,田畑を返還する義務がある。また戸籍変更で都市戸籍を取得しても同様であり,農地は返還しなければならない。しかし,農地を返還されていないケースが多い。なぜならば,法律の実行が厳格に行われなかったことが原因として考えられる。

　1949年,中華人民共和国の成立以降,1950年に公布,1987年に廃止された「中華人民共和国田畑改革法」に基づいて,「第一条：地主階級による封建的搾取の基盤であった田畑所有制を排除し,農民的土地所有制を施行する……」[77]とし,事実上の農民田畑私有制を樹立した。しかし,1953年12月16日に,中央政府は「中共中央,農業生産合作社の発展についての決議」[78]を公布し,農民が所有している田畑の一部を集団に拠出させて,集団による所有制とする体制づくりを進めることとなった。それから,1956年6月30日に,中央政府は「高級農業生産合作社の模範規則」[79]を公布し,農民がすべての私有田畑と役畜,大型の農具などの生産資材が農業生産合作社により所有に換えられることになった。農村の改革以降,1982年に公布した「全国

農村工作会議紀要」によって，農村の田畑の公有制が明確に規定され，1986年6月25日に，法律条文として，「中華人民共和国田畑管理法」[80]に明記され，正式に新しい農村田畑所有制度が確立された。第十二条の主旨は，集団所有また国有田畑が請負対象となること。且つその田畑の請負経営権（使用権）が保護されることである。一方，「中華人民共和国農村田畑請負法」の第十五条によれば，「農家生産請負の請負対象は集団経済組織の農家であること」という規定に基づいて，亡くなった農民の田畑はすぐには回収されることはなく，この農家の成員が耕作し続けることも可能であった。このように，農家の成員が全員亡くなるまで，田畑が回収されることはない。このようにして，「無地農民」は自分の両親が亡くなった後になって始めて，田畑耕作権を相続によって獲得できる。そこには，但し，請負期限以内という条件が存在している。

　政策によってもたらされた「無地農民」は1980年代に出現したものである。それに，時間とともに人数はますます膨大になる。例えば，新聞報道では，「安徽省阜陽市では228万人の外出農民工の中で，田畑なし農民工は60万人いる。今後，毎年10万人の『無地農民』が社会に入ることになる」[81]，と報じている。

　中国国家統計局は2018年4月27日に「2017年農民工監測調査報告」を公表した。この報告によって，中国における農民工人数が次第に増えており，2017年末に至って，中国の農民工人数は2億8,652万人[82]に達したと記述されている。もし阜陽市の田畑なし農民工比率によって，推算すれば，中国における田畑なし農民工の人数は7,540万人という推定になる。在農村の「無地農民」数はこれを更に上回る。彼らはたとえ15歳以上となっても，成年農民の権利であるはずの農地を請負う権利が剥奪されたままである。

　「無地農民」の大量発生の問題を通じて分析した結果，「農家生産請負制」と「中華人民共和国農村田畑請負法」（関連の政策を含む）は経済発展とは整合性のとれないものとなったということである。故に，仮に，改革されなければ，中国は新たに田畑を平均分与するとしても，「田畑なし農民」と「田畑を持つ市民」（農民が都市戸籍を得た場合のこと）の矛盾を解決できない可能

性がある。しかし，農村田畑の分配が既に均衡を失う状況に基づいて，請負期限を延ばし続ければ，中国における「無地農民」はますます増加するであろう。そうなれば，彼らは貧困の苦境に陥ることが予想される。将来，量的変化が質的変化を導くと考えるとすれば，必ず社会的な衝突を引き起こすと想定される。

ⅱ．農地未分配と農地取り上げ問題に関する現地調査

　遼寧省遼陽市宏偉区東八里村には997所帯が生活している。農村戸籍人口は2,326人で，田畑が合計で2,400ムー（1ムーは約6.67アール），1人当たり0.9ムー（約600 m²）である。2001年頃にこの村で第二次田畑分配が行われた後，新たに15歳に達した人口は，誰も各自の請負農地を獲得することはできなかった。更に，別のところから嫁いできた女性（農村戸籍）も田畑を獲得していなかったが，この村には無地農民数が合計で1,010人も存在することになった。

　遼寧省庄河市大営鎮大営村には807所帯の家族が生活している。農村戸籍人口は4,100人，田畑は6,000ムーで，15歳以上の労働人口1人当たりの農地面積は2ムー（約1333.33 m²）である。1998年から99年にかけてこの村でも第二次田畑分配が行われた。第二次請負農地期間開始後，調査時点までの新生児数に他村からの姻婚に由来する女性の農村戸籍取得者の増加人口合計は1,400人に達する。しかしながら，彼らは耕作すべき田畑を請負うことは不可能の状態のままであり，ここにも農地問題の公平さの毀損現象が発生しているのである。

　遼寧省大連市旅順口区長城鎮大房身村の場合を検討しよう。家族数は全部で721所帯ある。農村戸籍人口は1,725人，田畑が2,800ムー，15歳以上の労働人口1人当たりの田畑面積は1.5ムー（約1,000 m²）である。1998年前後には第二次田畑分配が完了した。その後の人口変化を見れば，新生児によるものと嫁入り人口の合計でみると246人にのぼり，彼らは調査時点における無地農民を形成していた。

　遼寧省大連市旅順口区三澗堡鎮韓家村には1138所帯の家族が生活している。

農村戸籍人口は2,628人，田畑の面積は4,469ムーで，15歳以上の労働人口1人当たり1.5ムー（約1,000 m^2）である。2001年前後には第二次田畑分配が完了した。その後の人口変化を見れば，新生児によるものと嫁入り人口の合計でみると106人にのぼり，彼らは調査時点における無地農民を形成していた。

遼寧省大連市旅順口区鉄山鎮王家村には447所帯の家族が生活している。農村戸籍人口は1,366人，田畑面積は1,800ムーで，15歳以上の労働人口1人当たり1.5ムー（約1,000 m^2）である。1997年前後には第二次田畑分配が完了した。その後の人口変化を見れば，新生児によるものと嫁入り人口の合計でみると224人にのぼり，彼らは調査時点における無地農民を形成していた。

遼寧省大連市旅順口区江西鎮には三つの村が存在している。方家村，大潘家村，高家村である。1992年には，江西鎮は旅順経済開発区[83]（地域）に分割・繰り入れとなった。これを契機として，この鎮は都市化の建設段階に突入することになる。域内の田畑は徐々にではあるが，地方政府に収用され始めた。農民は次第に田畑に代表される生産手段喪失プロセスに移行する。農業生産は日増しに衰退の様相を見せ始める。2007年に至って，方家村域内の田畑が全て収用され，農業生産は全面的に停止した。農民たちが居住をしていた平屋はすべて取り壊された。その後に建設された高層建物集合住宅が地方政府により，代替住居として提供され，農民たちはそこに入居することとなる。更に，僅かばかりの補償金が提供されたが，戸籍制度の観点から見れば，依然として農村戸籍のままである。

大潘家村と高家村のケースの検討に入ろう。結論から言えば，この二村の情況は方家村の場合に酷似している。大潘家村には380所帯の家族が生活している。農村戸籍人口は約950人，1992年以前の田畑面積は1,800ムー（約1200000.6 m^2）であった。他方，高家村の場合は550所帯の家族が暮らしている。農村戸籍人口は約1300人，1992年以前の田畑面積は2,500ムー（約1666667.5 m^2）であった。

これらの調査結果のデータを方家村のケースを例にとり，時系列で示すと，表4のようになる。統計が採取できなかった項目はN/Aで（以下同じ）示している。

表4　方家村所帯数，人口数，田畑面積の変化

年次	農家数	人口数(人)	収用後の残された田畑面積(ムー)	年次	農家数	人口数(人)	収用後の残された田畑面積(ムー)
1990年	349	N/A	1,842	2001年	517	1,401	368
1991年	354	1,139	1,838	2002年	503	1,362	304
1992年	368	1,171	1,758	2003年	496	1,363	275
1993年	397	1,224	1,158	2004年	491	1,343	247
1994年	N/A	N/A	1,017	2005年	491	1,332	81
1995年	430	1,244	993	2006年	490	1,334	24
1996年	440	1,280	971	2007年	488	1,337	0
1997年	451	1,301	842	2008年	488	1,337	N/A
1998年	462	1,327	1,122	2009年	519	1,390	N/A
1999年	467	1,327	764	2010年	544	1,405	N/A
2000年	470	1,324	516	2011年	568	1,694	N/A

出典資料:『方家村志』[84]のp119, p120, p199のデータを基に作成。

　中国においては戸籍制度が存在しているので，農村では前住んでいた平屋を取り壊されても，農産物や樹木といったグリーンの部分をすべて消去し，更には，アスファルトと煉瓦で舗装された道路へと変化し，都市部のようにビルや団地で高層ビル密集地域へと都市化変貌を遂げたとしても，農民はやはり農民である。身分は依然として変わらず，彼らは都市戸籍に付随している様々な福利厚生の恩恵を享受できないままなのである。本質的には，耕作地を収用され，家を喪失し，僅かのお金を補償金の名目でもらっただけの農民なのである。ところが，この場合は，僅かばかりの補償金でも，もらえたという事実だけで幸運の部類に属する。李昌平は次のように論じる。すなわち，「1997年以降の数年間に，……『開発区』を建設することと『都市』を経営することはその時期に経済発展の主旋律になった。……一方では投資の急速な成長であり，……他方では失地農民の補償を着実に遂行しないのであり，数千万人の農民は田畑を失って且つ失業してしまった」[85]，と紹介される。失地農民が農村都市化のプロセスで創出された。補償金も支給されない。農業という生業もなくなった。就業機会がないので失業者となる。農村は開発ブームの投機的利潤追求の場と化したのである，と。この規模は，数百万人の単位ではない。数千万人の単位で発生したのである，と。

　中国全土と比較して遼寧省の特徴を見てみよう。五つの村の無地農民の

データを通じていえることは，表5で明らかなように，遼寧省は無地農民の比率がかなり高いということである。平均で22.4％である。現在まで，無地農民については，国家統計局は統計を公表するには至っていない。ただ研究者たちの現地調査記録が残されているだけである。

「三農」経済学者として著名な李昌平の調査によれば，「中国の貴州省では既に25％の無地農民が現れた」[86]，と指摘されている。同著ではまた，「中国の農村における田畑分配制度は30年間の変遷を経た。結果は，農民の獲得した田畑でみれば，極端な不平等分配が発生したことである。多くの地方で20％～30％の無地農民が現れた」[87]，と述べている。

表5 遼寧省地域に無地農民の統計

村　名	遼陽市 東八里村	庄河市 大営村	大連市 大房身村	大連市 韓家村	大連市 王家村
農村戸籍人口（人）	2,326	4,100	1,725	2,628	1,366
一人当たり田畑面積（ムー）	0.9	2	1.5	1.5	1.5
無地農民人口（人）	1,010	1,400	246	100	224
無地農民人口の比率（％）	43.4％	34.1％	14.3％	3.8％	16.4％

出典資料：筆者の聞き取り調査を基に作成。

田畑が収用された農民を調査した結果，新しい事実が判明した。それは世代間の心理的な差異である。60歳以上の農民は，もし田畑が収用され，適当な補償金が獲得できさえすれば，彼らは収用を希望すると答えている。農業労働のための体力が思うに任せないので，補償金を入手し，切り詰めた暮らしをし，自分の子供からの援助が期待できるのであれば，余生を過ごせる。

40歳以下の若年農民の考えは，補償金が得られたとしても，収用には反対であった。彼らは現在，従事しているのが農業以外であり，あるいは都市で就労している。将来は何をすればよいか，収入はどうなるのかなど不安定要素が多く，故に，青壮年農民層は自分の田畑を不確定な未来に対する唯一の安定的な保障と考えていたのである。

調査事例1（2015年6月）

　遼寧省遼陽市宏偉区東八里村のC氏家族は，2015年の調査時点で，世帯主

が66歳，妻が64歳であった。家族は息子3人と孫3人がいる。息子3人は15歳の成年に達したのち，出稼ぎ労働者となり，遼陽市の都市部で生活を開始した。世帯主C氏は定年になる前は東八里村民委員会の幹部（支部書記）であった。率直な性格であり，媚び諂わないので，たびたび上司および同僚と衝突があり，結局，60歳の定年退職年齢の前で，その職を辞めざるをえなくなった。毎月村民委員会から少額の生活費を支給されるという条件で，実家に帰った。C氏と様々な話題で話し合う中で，彼の家庭状況を理解することができた。また，東八里村の現在の諸問題を諒解することもできた。

東八里村は遼陽市周辺に位置している。バスで遼陽市中心部まで20分しかかからない。中国都市化政策の推進のために，四年前に，この村全体で十分の一の田畑（240ムー）が収用された。その当時の言い訳は，マンションの建設であった。不動産開発業者がその240ムーの農地を買い取った。C氏の家庭請負田畑は収用された十分の一の地区内に立地していた。夫婦に息子3人を加えると田畑は5ムー未満だった。田畑補償金は合計で30万元であった。その時点では，C氏と家族たちは田畑を失うことの失望感は顕著ではなかった。なぜなら，息子3人とその家族は都市部で生活していて，農業に従事しているのは両親だけであった。加齢と共に，耕作を行うには体力が減衰してきた上に，補償金を獲得して，心に余裕を持ったと語ってくれた。

しかし，この三年間の間で，C氏夫婦の長男はガス中毒で，次男は交通事故で亡くなることになる。長男は亡くなる前に既に離婚していた。子供は裁判所の決定で，父親の養育権が確定していた。父親がガス中毒で亡くなった後，母親の所得によっては子供を養うことが困難となり，この長男の息子については，三年間の高校学費と生活費はC氏夫婦が負担していた。原資は田畑の補償金である。2015年，長男の息子は大学を受験し，入学した。すべての費用はまたC氏夫婦が負担した。C氏は次のように試算した。19歳の孫（長男の息子）は大学卒業までに貯金の半分の6万元を消費する。残った6万元は16歳の孫（次男の息子）の大学教育の学資にまわす。その後のC氏夫妻の生活費はC氏一人の僅かな年金だけとなる。

今年に入り，三番目の息子について異変が発生した。就職していた会社が

(写真23)

出典：撮影場所：遼寧省遼陽市宏偉区東八里村
日時：2015年6月8日　撮影者：筆者

景気の悪化に伴い，失業の可能性が高まった。彼の生活が困難な状況になってしまう。

　ここで，C氏一族は4年前まで存在した4.5ムー（約3,000 m²）の農地を懐かしむこととなる。農地があれば，三男が一人で耕作を続けていただろう。彼は農閑期には都市で臨時工として働けばよい。そうなっていたら，暮らし向きは今よりもずっと良かったはずだ，と。

　ところが，4年前に収用された田畑は，今でも荒廃している。C氏は筆者を連れてその場所に行き，かつての田畑を直接目撃することとなる。その土地は道路の間近に位置しており，美観を損ねるという理由で，塀が巡らされている。この240ムーの田畑が，誰に買われたのか，何故未だに着工していないのか，C氏も原因は分からないと言った。いつ着手するのか，誰も知らない。C氏が惜しんでいるのはこの240ムーもの面積がある農業用の田畑である。もし毎年作物を作ると仮定すれば，どれだけの多様な種類の農作物が収穫できるであろうか。もし昔の田畑に戻すことができれば，自分たちが請け負えば，三番目の息子の暮らし向きを安定させることができたであろうに，と言った。それは農民としての素朴な考えである。今では，C氏はこの240ムーの面積の昔の田畑が荒廃していることを見るだけだ。下記の写真23，24はその様子である。

(写真24)

出典：同上。

調査事例2　（2015年6月）

　遼寧省大連市旅順口区江西鎮方家村のD氏家族は世帯主（2015年）が72歳，妻は70歳である。家族は，息子と娘一人ずつついて，既に結婚している。依然として農村で暮らしている。息子は経済開発区に立地している韓国系企業に就職している。娘は料理店で就労している。都市化建設を推進するために，2007年に，家屋と請け負う田畑は政府に収用された。方家村の在籍農民は一人当たり61,000元が補償された。1997年の田畑第二次分配後に生まれた無地農民は一人につき4万元が補償された。D氏夫婦は合計で122,000元の補償金を支給された。そこで，すべての農業用具を捨てて，都市市民のようにマンションに入居した。しかし，2007年頃に，政府は政策の定める条件に基づき，次のような変更点を行うと言い出した。無償でD氏夫婦にマンションを提供していたわけではなかったのだ。現在の住居は，暫定的にD氏に貸し出しているだけである。他日，新マンションをD氏に支給する，と。

　それから，8年間が経過した。現在もD氏夫妻は当時のまま住みつづけている。政府は約束を実行してくれない。

　中国の定年退職制度は一般的に，男性が60歳，女性が50歳（年齢を引き延ばす政策は政府が討議している）である。2007年になって，夫婦はともに60歳を超え，その当時の政策によれば，一人が合計で5万元の国民年金保険

料と国民健康保険料を納めたので，毎月1,200元の国民年金がもらえる。大連市政府より配布される195元の補助金を加えると，毎月一人の所得は1,395元であり，夫婦二人で約2,800元の収入がある。年金についていえば，生活上の問題は発生しない。しかし，二人は安心できない。なぜならば，住宅支給が履行されないからである。この8年間，D氏は交渉したが，合意には至らなかった。

　これから先，私達夫妻が亡くなり，政府は約束を守らず，住宅を息子や娘に支給しないであろう。そうすれば，政府は丸儲けとなる，と妻は語った。筆者は交渉が成立しない原因を尋ねた。その回答は，幹部に対する貢納の有無だというものであった。私達は貢ぎ物をしない，と。

　方家村の近くに位置している高家村をみよう。都市化建設のための家屋撤去及び請負田畑収用問題は同じ情況である。しかし，補償金は一人当たり20万元となる。何故二つの村の情況が同じであるにもかかわらず，農民の獲得した補償金の差が大きいのか。D氏の答えは，都市化の建設のために収用された田畑や家屋などは，国家が補償する基準は存在しないというものであった。金額については，パイの奪い合いの関係がある。村長の横領金と農民の補償金の合計額が国家支払であるという事実である。村長が補償金を少なく横領したら，農民は多くもらえる，という説明であった。これが農村の実態の一部である。

調査事例3　（2015年6月）

　遼寧省大連市旅順口区長城鎮大房身村のE氏家族は，世帯主が14年前に交通事故に遭って亡くなった。妻は（2015年の時点で）64歳で健在である。家庭は息子と娘の計3人である。娘は既婚，息子は未婚である。二人は都市で農民工として働いている。現在，母親が一人で農村に暮らしている。2009年から，村中の田畑は収用され，商人に買われ，工場が建築された。収用された田畑は1ム――当たり1万元の補償であった。補償金を獲得した農民は更に一人当たり1.5万元（商人の支払分）を得た。2013年になっても，田畑は買われ続けて，食品加工工場が完成した。収用された田畑は1ム――当たり

8万元の補償であった。一人当たりでみると12万元となる。2014年末に至って，この村の田畑は更に800〜900ムーが収用された。E氏家族は4.5ムー田畑を請け負っていた。今回36万元の補償金を得た。娘は12万元，24万元は母親が保管している。息子は無地農民ゆえに，補償金は獲得できなかった。64歳の母親（未亡人）は獲得した補償金の金額に満足している。理由は，田畑はもし2009年頃に収用されていたら，これほどまでの金額にはなっていないからである。しかし，補償金をもらったが，惜しくて使えない。息子がまだ結婚していないので，そのお金は将来に息子の結婚費用とする。母親の収入は大連市政府の毎月の生活補助金の195元だけである。息子と娘の援助を加えて，倹約生活をしている。

　何故，この村では，田畑は2回収用され，2回の田畑補償金の格差がそんなに大きいのか。理由として，この食品加工企業の経営者がどのぐらいの面積の田畑がほしいのか，1ムーはいくらか，すべての問題は商人と村長2人の交渉に由来するからだと母親は説明してくれた。決定後，経営者は補償金を村長に渡す。その後，村長は農民に配る。村長が補償金を少なく横領したら，農民は多くもらえるという結果が生まれる（前のD氏の話と同じ），と言った。

　筆者が大房身村で調査する過程で，旅順口区龍頭鎮東北山村の村長が田畑補償金を横領したために，公安局によって逮捕されたという情報が入ってきた。今後，どのぐらいの村長，村民委員会の幹部が横領のために逮捕されるかわからない。

第2節　中国食糧市場における国家管理

　中国における食糧市場の変遷についてインタビュー調査を行った。インタビューの相手はF氏であり，彼は「人民公社」を経験した農民であった。更に，Y氏に対してインタビューを行った。彼は食糧局で約30年間在職経験を有する人である。中国食糧市場の国家管理問題について詳細な事実を収集できた。

農民のF氏には主に筆者に中国の計画経済時期における食糧の生産，経営の実態を紹介していただいた。以下は筆者がF氏の話を整理した内容である。
　「農家生産請負制」が導入される前の「人民公社」時期に，農業生産は「平均主義」を行っていた。そこでは，農民たちの生産の積極性は高くはなかった。自家用の食糧でも足りなかった。一方，食糧の生産高は低く，他方，「公購食糧」(中国語「公购粮」)の量は多かったのである。「公購食糧」とは「公食糧」(中国語「公粮」)と「購食糧」(中国語「购粮」)の総称である。「公食糧」は農民が政府に納入しなければならない農業税であり，当該年の食糧価格と納入量を定めていた。それは強制的であった。農民は自分が満足な食事ができなくても，納入しなければならない。「購食糧」は政府が当該年の食糧価格によって農民から買い入れた食糧であり，一般的に価格は低く，それは農民の唯一の現金収入である。
　「農家生産請負制」が導入された後，中国農民の生産に対する積極性が高揚したのは事実である。食糧の生産高も大幅に増えた。農業税としての「公食糧」の徴収は容易となる。しかし，国家は新しい政策[88]として，「公食糧」を農業税に代替する政策が廃止され，直接的に現金の形式で納入することとなった。農民は食糧（農産物）を売却し，現金を獲得して，農業税を支払うのである。このとき，中国の食糧市場は政府の独占的統制のもとにあって，農民は自分で生産した食糧を所在する郷鎮の食糧管理所（中国語「粮管所」）に売却しなければならない。その後，政府の幹部にとっては農民の生活水準が高まり，収入が上がることが判明してくる。すると，多様な税金が一挙に課税され始めた。例えば，教育，衛生，計画出産，インフラについての税金である。生活を改善したばかりの農民は新しい苦境に陥ってしまった。その頃から，中国の農民は都市部の生活に憧れ始め，都市部労働者の月給制度に憧れ始めた。
　F氏が紹介した事実は日本人研究者の指摘と基本的に一致する。例えば，中兼和津次は，「1970年代末から80年代の初めにかけて，中国農業は生産請負制と呼ばれる大胆な非集団化，ないしは個人農化を実施し，これまで閉じ込められていた農家のエネルギーは噴出することになった。毎年のように農

業は高成長を遂げ，84年には史上最高の食糧生産4億トン余を達成し，この成果は中国の首脳部に大きな自信を与え，国際的にも注目されることになった。しかし，85年に改革の第二段階，ないしは第二次改革ともいわれる農産物の強制買い付け制度から契約買い付け制度への切り替えを行ったころから，中国農業は停滞し始め，特に食糧生産は89年まで84年水準を回復できず，人口一人当たりにすれば，依然低迷状態を脱出できていない」[89]，と説明する。

同著ではまた，次のように説明される。「1980年から1988年にかけて，平均的にみた農民の実質所得が増大した。すなわち，農民一人当たりの純収入は1980年の191元から88年の545元へ，そのうちの農業収入は150元から346元へ，それぞれ増大した。しかし，それを農村小売物価指数で実質化してみると，85年から農民の一人当たりの収入は停滞しはじめていたのである。とくに農業収入（そこには作物生産ばかりではなく，林業，漁業，畜産からの収入も含まれる）の場合，85年以降実質収入は若干とはいえ低下している。作物生産からの収入だけをとってみると，実質収入の低下はもっと著しい」[90]，と述べている。

田島俊雄は，「……なし崩し的に食糧価格の自由化と配給の撤廃が行われた。そして93年に入りこうした改革は北京，上海などの大都市にも波及し，全国的なものとなった。国有の食糧流通企業は維持されたが，食糧の買い付け価格・買い付け量，消費者に対する販売価格・販売量は市場メカニズムに基づいて決定されることになった。ただし，大消費地に対する供給指標は引き続き主産地に下ろされ，補助金の供与，最低保証価格による一定数量の買付けという形で，安定供給が目指されている。そして，93年秋以降，食糧の市場価格は高騰したが，政策当局の売り介入という形で鎮静化している」[91]，と述べている。

宝剣久俊の研究によれば，中国における2004年以降，食糧買付が完全に自由化されたとされる。すなわち，「このような間接統制への移行は，2004年5月23日の国務院『食糧流通体制改革を一層深化させることに関する意見』という通達によって完了する。すなわち，食糧買付価格が完全に自由化され，

食糧価格の安定化と農家の食糧生産意欲向上のための新たな枠組みが形成されることとなったのである」[92]，と。しかし，実際には決してそうではない。

「食糧流通体制改革を一層深化させることに関する意見」の第五条によれば，「食糧価格形成のメカニズムの転換に関すること。一般的には，食糧買付価格は市場における需給によって形成される。しかしながら，国家は市場メカニズムに基づいて，食糧買付価格に対してマクロ・コントロールを実行する場合もある。例えば，価格決定において指導的機能を発揮しなければならない場合，つまり食糧の需給バランスが大幅に変動した時，食糧の安定供給の確保と農民の利益を保護するため，必要に応じて，国務院は主な食糧生産地において，過剰供給の食糧品目の最低買付価格を設定する」[93]，と明記されている。もし確実にその政策が文字通りに執行されれば，中国における食糧買付は完全自由化されたと認めることは一応は可能である。しかし実際には，食糧の需給バランスの大幅な変動がなくても，国家食糧局は毎年，米と小麦の最低買付価格を設定しているのである（表6参照）。

その矛盾点に基づいて，中国における食糧買付価格が完全に自由化されていないことが分かる。

表6　米，小麦の最低買付価格 (単位：50キロ/元)

年次	早籼稲	中籼稲	晩籼稲	粳稲	小麦	白小麦	紅小麦	混合麦
2004年	N/A	N/A	72元	N/A	N/A	N/A	N/A	N/A
2005年	70元	72元	72元	75元	N/A	N/A	N/A	N/A
2006年	70元	72元	72元	75元	N/A	72元	69元	N/A
2007年	70元	72元	72元	75元	N/A	72元	69元	N/A
2008年	75元	76元	76元	79元	N/A	75元	70元	70元
2009年	90元	92元	92元	95元	N/A	87元	83元	83元
2010年	93元	97元	97元	105元	N/A	90元	86元	86元
2011年	102元	107元	107元	128元	N/A	95元	93元	93元
2012年	120元	125元	125元	140元	102元			
2013年	132元	135元	135元	150元	112元			
2014年	135元	138元	138元	155元	118元			
2015年	135元	138元	138元	155元	118元			
2016年	133元	138元	138元	155元	118元			
2017年	130元	136元	136元	150元	118元			

出典資料：国家食糧局webサイト（www.chinagrain.gov.cn）のデータを基に筆者作成。

食糧局の公務員Y氏は筆者に中国政府が1990年代から現在にかけての食糧市場に対する政府のコントロールを紹介したが，以下は筆者がY氏の話を整理した内容である。

　1994年から，中国政府が「統購・統銷」政策を廃止し，民間での食糧の商業的経営が可能となった。そこで，政府は食糧の買い入れ価格を上げた。しかし，それと同時に，農業用生産手段の価格が常に上昇し，農民は食糧価格の上昇によってもたらされた利益を獲得できなくなった。しかし，国家は農業用手段の価格を値上げしたことで，財政収入を増加させた。1994年以降，中国の食糧生産，経営は既に国家独占ではないという形をとっている。しかし，実態をみると，政府が常に食糧の価格設定権を握っている。市場で食糧を販売する露天商人が出現した。露天商として登場したのは食糧生産者としての農民であった。販売されていた食糧は農民が自家消費分として保留が許されていた部分であった。これによって，地域に食糧市場が出現する。しかし，これは全体からみれば小さな部分にしかすぎなかった。食糧の買い入れと売却は依然として国家の食糧部門が独占的に経営していたのである。特に，食糧の買い入れに対して，国家は依然として地方政府の食糧の買い入れ任務を下達していた。食糧の販売に対して，全国各地で食糧を販売する店が出現したが，それは国有食糧倉庫から卸してもらっている部分であり，彼らはそれを小売りしていたのである。

　2004年から，中国政府は「食糧最低買付価格」政策を施行し始め，農民の利益を保護するようにも見える。実際は決してそうではない。毎年，春の植付け期になると，市場に流通する食糧は少なくなる。そこで，食糧価格の騰貴が始まる。その時，政府は在庫の備蓄食糧を市場に投入する。それは，食糧価格を安定化するためであり，食糧価格が若干上がっても，政府が備蓄食糧を投入するので，価格は反落する。春の耕作の前に，政府は昨年の標準より当該年の秋の価格として若干高い食糧買い入れ最低買付価格を呈示する。食糧を生産する農民の意欲を高める。収穫後，政府の食糧部門と食糧加工企業は最低買付価格によって農民の食糧を買い入れる。毎年，中国の食糧生産，流通がこのような過程を循環しているが，このような最低買い取り価格の決

定プロセスは極めて不透明で不明瞭といわざるをえず，農民とっては不利に作用すると判断される。中国農民の組合があれば，農民の利益は保証されると思われる。

　Y氏に次のような質問をした。何故膨大な中国農民の人口がありながら，「食糧最低買付価格」に対して無力なのか，と。Y氏は，中国では2億余の農家はある季節一斉に食糧農産物の収穫を迎える。その生産物を市場で一斉販売しようとする。そうすれば，必然的に競争が生じる。価格は暴落するだろうという理由で市場が供給過剰でない場合でも，「食糧最低買付価格」が実施される。中国には，「労働組合連合会」がある。企業の労働者の利益を代表している組織である。「中華全国婦人連合会」があり，女性の利益を保護している。しかし，農民組織はない。故に，中国においては，農民の人口は一番多いが，パワーとしては一番弱く，政府に支配されることが唯一の選択肢となっており，自主的な価格設定権を有していない。食糧問題は最重要な問題であるが，他の農産物も同様に，生産高が少ない場合，所得水準が低下する。生産高が多い場合，価格が下落して，所得水準が低下してしまう。原因は農民のために利益を勝ち取る何がしかの組織が欠けているからである，というのがY氏の説明であった。

　以上の説明は，Y氏の農民の角度からの中国の食糧価格問題についてのコメントであった。次に，筆者は，「中国経済の成長に従って，食糧以外の農産物の価格は殆ど自由化に実現にもかかわらず，何故，中央政府は依然として食糧価格を低く抑えるのか」，と質問を行った。Y氏は政府の立場に立って，中国の食糧価格問題を分析した。すなわち，「中央政府は食糧の価格を切り下げるために，毎年国家の備蓄倉庫の食糧を市場に投入する。もし，中央政府が食糧価格の自由化を実施すれば，食糧価格は上昇するであろう。他方，食糧は分類でいえば初級農産品なので，価格は上がると，他の農産品と商品（肉類，卵，アルコール類，加工食品など）の価格はそれに応じて上がることになる。都市住民の中で大多数を占める中・低収入の人々の食事は厳しくなる。その場合，政府は都市部の社会的安定のために，都市部の中・低収入層に補助金を支給しなければならなくなる。それは，多くの資金が必要

となり，中央政府はその圧力に耐えられない」，と語ってくれた。

つまり，中国では目下のところの食糧マーケットは依然として政府によって独占的に管理されているマーケットである。この市場における流通主体としての唯一のプレイヤーは国家であると言ってよい。中国には，強大な国有食糧部門があり，他方，分散的経営を含む小農と広範な消費者である。食糧については，農村の田畑から消費者の購入までの過程が，市場の法則によって流通してはいない。政府の行政管理の元で流通されているのである。このように，市場原理が歪曲されて機能しており，農民の低収入の一因となっている。

中国の学者樊綱は中国食糧価格の国家管理問題と中央政府が食糧価格を低く抑える原因を論じた。すなわち，「不合理な価格は農民の低収入をもたらした要因の一つであるため，農業を発展させるには農産品価格を引き上げねばならないという見方が多い。／確かに農産品価格の問題はある。経済作物，畜産品の価格がすでに自由化され，工業加工製品の価格も基本的に自由化されているが，食糧や綿花など農産品価格は依然として低く抑えられている。食糧価格が上昇する時期もあったが，肥料など農業生産財価格も上昇したため，農民の実質所得はそれほど増えなかった。一九九四年に，農産品の市場価格と政府買い付け価格が大きく上昇し，農民収入も増えたが，工業品価格，特に農業生産財価格も上昇したため，農民の実質所得はわずか五％しか増えなかった。同じような事は数回もあった。……／……国内の食糧価格が高くなると，労働コストも高くなり，工業化の進展や非農業産業の発展だけでなく，外資の流入も妨げることになる。高い食糧価格が中国全体の経済発展にとって有利かどうかは言うまでもない。農業はすでに中国にとって比較優位を持った産業ではない。人口が多く一人当たり耕地面積が少ない途上国にとって，比較的長い期間にわたって経済成長を保ち，資本蓄積を加速させるにはどのような比較優位を利用し，依存すべきなのか。それは，明らかに農業でも，技術集約産業でもなく，低い労働コストを利用した加工産業である。食糧価格は労働コストを構成する重要な要素であるため国内価格が国際価格より高くなれば，中国は優位性を失い経済成長の勢いも衰えてしまう

だろう」[94]，と．

　以上のような樊綱の指摘のように，中国政府は食糧価格を低く抑えることによって，労働コストを下げ，それを通じて，長期的な高度経済成長を保っている．このように，たんに経済成長のみを目標とすれば，政府が食糧価格を低く抑えることは有効な手段である．とはいえ，社会や国家の観点からみても，個人が生きるという意味での経済という観点からみても，経済を発展させる真の目的は何か，という問題が残されている．それは，人民の生活水準を上昇させ，豊かにすることである．GDP の数字が仮に上昇したとしても，農民の貧困が加速的に進行してしまえば，それは本末顛倒となるであろう．

　周知のように，中国共産党は農民の力を借りて，中華人民共和国を建国した．農民の利益を犠牲とすることによって始めて，社会主義国家の基盤となる重工業を構築することが可能となったのである．その後，鄧小平時代に，「改革・開放」政策が開始された．中国政府は廉価な農村労働力コストによって，経済の高速成長を遂げ，2010 年には，中国の GDP はアメリカについで世界第 2 位になった．中国型社会主義市場経済（鄧小平より定義）は高い成長率で発展した．その鍵は，実は農民に存在していたのである．奇形的中国経済・社会構造が現在になっても依然として安定している元である．しかし同時に，農民は鄧小平の理念によって先に富裕となった人と地区に搾取される対象となっている．中国政府は毛沢東時代から現在にかけて農民に不義理を重ね，都市住民は裕福な生活の陰では農民層の血と涙を覆い隠している．

　大飢饉時期に，中国政府は都市部の安定と都市住民の生活を維持するために，農民の命を犠牲にすることを惜しまない．現在，経済成長のためには，農業と農民の利益を犠牲にすることは惜しまれてはいない．特に食糧を生産する農民（略称「糧農」）の利益が問題である．糧農は食糧の直接生産者である．しかし，大飢饉期においては非常に多くの餓死者を出してしまった．周知のように，2001 年 12 月に中国は WTO に加盟した．しかし 16 年経過後の現在でも，糧農は食糧の価格に対して，全く決定権を持っていない．まるでこの世の悲劇である．このままで行ったら，将来が思いやられる．糧農は食糧を生産する積極性において打撃を受けていることであろう．食糧生産は農

業生産の根幹であり,中国政府は食糧価格の自由化問題を解決できなければ,中国の農業問題は,更に「三農問題」は永遠に存在すると思われる。

第3章　郷鎮企業と農民工

第1節　中国郷鎮企業の紹介

　中国政府は「改革・開放」政策を施行した後，特に，1984年に至るまで，全国において基本的に「農家生産請負制」を導入した後，農民の生産積極性が高まって，農家労働力（農民）は次第に田畑の束縛から解放された。多くの若い農民は都市部へ出稼ぎに行った。また一部の青壮年の農民は地元に位置する郷鎮企業で，あるいは近所の郷鎮企業で非農業生産に従事してきた。郷鎮企業は「第十一期三中全会」以降，特に，1984年以降飛躍的に発展してきたのである。1997年1月1日から施行された「中華人民共和国郷鎮企業法」の第二条によれば，法律的角度から郷鎮企業は明確に定義されている。すなわち，「郷鎮企業とは，農村集団経済組織もしくは農民が投資（投資のシェアが50％を超え，もしくは50％未満だが，特別な株式によって，実際上の支配的地位を持つこと）の主体であること，且つ，郷・鎮（管轄区域中の村を含む）で設立された農業生産を援助する義務を有する各種企業である」[95]，と定義される。換言すれば，郷鎮企業の投資形式は二種類が存在している。一つは農村集団経済組織（鎮政府また郷政府）の投資によって設立された企業であり，一つは農民個人あるいは複数の農民が共同で資金を調達して設立した企業である。更に，第三条によれば，「郷鎮企業の主な任務は，市場の動向に従って商品生産を進め，社会的サービスを提供し，社会に対して，有効な供給を増加させ，農村部の余剰労働力を吸収し，農民の所得を高め，農業生産を援助し，農民及び農村現代化を推進し，以て国民経済と社会発展を促進することである」[96]，と述べられている。

　郷鎮企業は，元来，中国における都市部と農村部の「二元経済構造」から

生まれたものである。農民は長期的に厳しい戸籍制度の制約を受けることと住所の自由選択の禁止の結果，農民が農村部に起業した企業形態を有し，郷鎮企業としての固有性を強く有する経済的集団として発展してきた。

　1984年3月1日，国務院により「社隊企業の新局面を開発・創造することに関する報告」[97]が採択された。その報告の中で初めて「郷鎮企業」という名称が採用された。中央政府は郷鎮企業を進めることによって，農村経済を振興し，農村部の余剰労働力の就業問題を解決する手段にし，更に，農民が過剰で盲流化し都市へ流れ込む現象を回避しようと企図した。この時点で，中央政府は郷鎮企業の発展のために，次のような政策を立案した。例えば，資金上の支持や高速道路の運輸代と税金の一部減免などである。1984年以降，中国農村部の郷鎮企業が急速な勢いで発展・成長を遂げた。郷鎮企業の発展は，特に東南沿海部に位置する浙江省と江蘇省において，最も急速に発展した。それに対して，西部及び内陸など経済発展がたち遅れた地区では，郷鎮企業数は少なく，故に，その地区の農業以外で収入を得ようと考えている農民のほとんどは都市部に移動し，農民工を供出する地区になる。例えば，湖南省，湖北省，四川省，安徽省，江西省，陝西省，甘粛省などである。

　1980～90年代，中国農村における郷鎮企業の規模は小さく，投資額も少なく，生産技術や機械設備に対する条件の水準も低く，労働者の報酬も高くなかった。労働分配率が低いという点が郷鎮企業の競争力を担保してきたわけである。基本的に体力を基本とする単純労働が主であり，労働者を養成訓練する必要が小さい。つまり，郷鎮企業の生産，経営コストは国有企業より低い。更に，郷鎮企業で働く農民は給料だけ稼ぐこととなり，都市部の国有企業で働く労働者のような福利厚生政策の恩恵にはあずかれない。それ故，郷鎮企業が生産する産品の価格が安く，大きな競争力を有し，より多くの収益が獲得できた。これが中国の工業品の輸出競争力を高め，「世界の工場」といわしめるようにさせた原動力となったのである。

第2節　郷鎮企業の発展を制約する要因

1) 税金負担の重み

　農民と都市市民間に身分の不平等のために，農民（農村）により設立された郷鎮企業は後ろ盾がなく，いつも弱い立場にあった。国家の税収機関と地方政府管理部門が各種名義で郷鎮企業から税金（費用）を取り，国家が公布した郷鎮企業に対する特恵政策は地区まで下達すると，空文化してしまった。

　筆者の親戚は1986年に地元（大連市旅順口区江西鎮文家村）で郷鎮企業を設立した。資金は親戚と友人からの借金である。その企業はプラスチックの桶を生産していた。主に食品生産企業に提供し，食品を詰める容器として，例えば，漬け物の生産企業，青果の加工企業などに対して供給された。その郷鎮企業は10年間ぐらいの経営の後，1995年に倒産した。その期間，筆者は訪問したことがあり，少年時代の記憶として残っている。筆者が電話でその親戚に連絡し，当時の経営情況を確認した。企業名は「福利場」で，農民の私人投資企業に属する。管理職員は少なく，娘は経理を担当していた。その親戚の友人が人事部門，仕入れ部門などの企業管理を担当していた。雇用していた労働者は約20人で，経営者（親戚）は工場の中で労働者の先頭に立って働いていた。1986年から1991年にかけては，企業の生産，経営は順調で，収益も高かった。1990年には，平屋の自宅を取り壊して，二階建ての鉄筋コンクリートの住宅を作った。その親戚は2016年の時点で75歳であった。企業設立の経緯，経営内容については明瞭に記憶している。筆者は，なぜその企業は前半の経営がよく，後半に問題が発生してきたかを質問した。親戚はその問題に触れた途端，感情が高ぶり，政府を酷評した。1990年までに，郷鎮企業が政府に上納した税金及び各種管理費用は多額とはいえず，合理的な範囲であった。しかし，1991，92年からは旅順口区地方政府の各行政機関の中で20余の部門が郷鎮企業に対して各種管理費用を徴収するようになった。例えば，郷鎮企業管理費，営業税，増値税，都市建設税，教育費付加税，城鎮土地使用税，企業所得税，不動産税などの名目である。更

に，これらの行政機関は恣意的に税率を定めてきて，しかも，継続・繰り返し徴税するようになってきた。これらの不合理な費用が企業利潤の20％を占めた。中国の旧暦の正月には，これら諸部門の幹部に賄賂を渡す。企業の経営は難しいことではないが，政府の幹部の世話をすることは疲れる，と語ってくれた。

2) 融資の困難

　郷鎮企業にとっては，銀行からの貸付困難問題は長期的な問題であった。郷鎮企業の設立は，当初の事情からして，政府の支出及び銀行からの貸付によって行われたわけではない。企業は，政府の財政援助及び銀行の貸付に依存してきた関係はない。郷鎮企業の成立初期には，そもそも小規模であり，技術の要求水準が低く，且つ主に農村労働力を雇用して操業するとしても，融資は主要な問題にはなりようがなかった。しかし，郷鎮企業の規模が拡大し，機械設備を更新するに従って，郷鎮企業が発展するための資金不足の現象が露呈し始めた。一般的に言って，郷鎮企業は長期間にわたって自己資金のみで経営を維持してゆかねばならず，設備投資の拡大につなげてゆくことは困難であると言わざるをえない。筆者の親戚は貸付問題について言及した。彼は，「企業を作ったばかりの時，新品は買えず，中古の機械設備を購入した。7～8年を経て，設備の故障率が高くなり，修理代も嵩むようになってきた。もし企業を経営し続ければ，設備を更新しなければいけないが，銀行から借金することは難しい。1994年より以前に，別の郷鎮企業は，銀行の幹部に贈り物をする手段をとり，関係を構築し，銀行からの融資を得たが，このようなケースは非常に少なかった。1994年以降，いくら努力しても，郷鎮企業は貸付の対象にならないのだ。国家は郷鎮企業に対しての援助を弱めてきた。銀行は融資の資金を規模が大きく，収益の良い企業に，特に，国営大手企業に貸し付け，それ故に，郷鎮企業は貸付を獲得できなかった。銀行としては，錦上に花を添えることをして，他人の困窮を救うことはしない。だから，私（経営者）は一年の期間，資金の調達に奔走した。その結果，融資の提供者は現れず，1995年の後半に至って工場を停止した。機械を廃品

として売って，農作をすることに復帰した。尚，その前に少しばかり貯蓄をもあったことや子供たち（三人）は既に結婚していたので，負担はない。つまり，1995・96年前後，旅順口区における郷鎮企業は，鎮・郷・村という集団で設立した郷鎮企業でも，農民が個人投資によって作った郷鎮企業であっても，大量に倒産し始めることになった」，と語ってくれた。

第3節　郷鎮企業の組織変更

　1992年1月18日から2月21日にかけて，鄧小平が武昌市，深圳市，珠海市，上海市などの地区を巡視して，「南方講話」を発表した後，同年10月12日～18日に「中国共産党第十四期全国代表大会」が北京で開催された。当時の国家主席江沢民は「改革開放と現代化建設の歩みを速め，中国に特徴的な社会主義事業の新しい勝利を勝ち取る」[98]の報告をした。その報告の中に「我が国の経済体制改革の目標は社会主義市場経済体制を作り上げることである」と明確に指摘した。1993年以降，経済のリセッションが発生し，収益の少ない国営企業は大量倒産してしまう。多くの企業労働者は失業した（中国語で「下崗潮」）。そのとき，地方では各市政府，区政府が「資産評価委員会」（旅順口区政府が成立したのは10人ぐらい）を作って，工場の建物と設備，機器などの資産価値を算定して見積もり，安売りを始めた。そこで，政府は，経済力を持つ個人が倒産した国営企業（倒産した郷鎮企業を含む）を購入することを認叮した。

　陳丹鋒は，郷鎮企業の変身について言及している。すなわち，「特に，1990年代後半以降……つまり，体制競争の中で，公有制主体の蘇南モデルは私有制主体の温州モデルに敗北したということができる。これまで社会主義を守りながら，成功のモデルとして賞賛された蘇南の郷鎮企業は，ついに所有権を中心とした改革を余儀なくされた。地方政府の郷鎮企業に対する行政指導や管理からの撤退や，大型郷鎮企業の民営化などが盛んに展開された」[99]，と指摘している。

　現在の郷鎮企業は，1997年1月1日から施行された「中華人民共和国郷鎮

企業法」を根拠法としている。しかしながら，それは狭義の概念にすぎず，都市戸籍の人が郷鎮企業を買取するケースが新たに発生してきた。そうなると，農村部に位置するが，都市民が経営する企業というカテゴリーが生ずることになる。これについては，郷鎮企業に含めるべきだというのが筆者の考え方である。実は，経営者の戸籍が都市であれ，農村であれ，農村部に立地する企業は郷鎮企業と呼ばれるべきだということである。

　1980年代中期から1990年代中期にかけての10年間は郷鎮企業が光輝いた高度成長の時期であった。1994年以降，朱鎔基が提唱した「経済体制改革」期以降，多くの国有企業が整理され，大量の失業者を輩出することになるが，同時に，多くの郷鎮企業が淘汰されていった。これらの郷鎮企業は，とりわけ南方の地域に立地しており，中国の東南海の沿海部にあると言える。そこでは，地元及び周辺部の農村過剰労働力を吸収していたことは事実である。ところが，僻地や辺鄙な土地では，郷鎮企業は，十分には農村過剰労働力を吸収することはできなかった。この中国における南北問題に着目することが極めて重要であるというのが，本論文の主張である。言い換えれば，中国の南方地区では周辺部農村の農業過剰労働力を吸収し，非農業的就業が促進されたのである。そこでは，青壮年の農民は都市に出稼ぎ労働者として入って，また経済発達地区の郷鎮企業に大量に採用されて，より多くの収入を実現したという事実と対照的に，揚子江（長江）以北の北方では十分な郷鎮企業の発展は必ずしもみられなかったのである。

第4節　農村部の企業の調査

A. 大連市旅順口区の農村部に位置する企業の調査

　筆者の故郷は中国東北三省（遼寧省，吉林省，黒竜江省）に位置し，遼東半島最南端，大連市旅順口区である。大連市は東北三省の中で経済力，工業が一番発達している都市である。中心部では4つの区（甘井子区，中山区，西崗区，沙河口区）があり，都市と農村が混在する区は，二つ（北の金州区，南の旅順口区）あり，周囲に行政面で大連市に附属する市が三つ（普蘭店市，

瓦房店市，庄河市）ある。

　旅順口区は，都市戸籍人口が6万人ほど，農村部は8つの鎮（水師営鎮，三澗堡鎮，長城鎮，江西鎮，龍頭鎮，北海鎮，双島鎮，鉄山鎮）があり，農村戸籍人口は17万人ほどの都市である。筆者は旅順口区工商行政管理局の承認と許可を得たのち，調査を行った。そこでは，1995・96年前後で，倒産していない郷鎮企業は株式会社への組織変更を終了していた。2015年の年末に至って，旅順口区農村部に位置する郷鎮企業は201社が存在していた（表7参照）。従業員数の一番少ない郷鎮企業は三澗堡鎮に位置している印刷工場であり，11名の従業員がいる。従業員数の一番多い郷鎮企業は水師営鎮に位置して，5トン以下の起重機を生産する企業であり，約80名の従業員がいる。概要をみれば，旅順口区では農村地区に位置する郷鎮企業の従業員の平均人数は40人ほどである。合計では約8,000人がこれらの郷鎮企業で働いている。しかしながら，この8,000人が雇用されているとしても，当該農村部の非農業部門での就業を希望している余剰労働力は全面的に吸収されるにはほど遠い。中国における工業が進んでいない地方では，特に農村部では，商業やサービス業もやはり繁盛しない。故に，多くの農村青壮年労働力は故郷から離れて，就業チャンスの多い都市部に活路を求めに行く。

表7　大連市旅順口区農村部郷鎮企業数（2015年）

鎮名	長城鎮	龍頭鎮	三澗堡鎮	水師営鎮	北海鎮	双島鎮	鉄山鎮	江西鎮
企業数	21	18	33	29	17	22	42	19

出典資料：筆者の聞き取り調査を基に作成。

　筆者は大連市旅順口区農村部に位置する二つの郷鎮企業を実地調査し，インタビューを通じて，企業の生産，経営状況及び従業員の構成と収入状況を調べた。

企業調査1：旅順鑫源機械場　（2016年7月）
　旅順鑫源機械場は，旅順口区水師営鎮前夾山村に位置する1997年に設立された郷鎮企業である。この企業の経営者王氏（56歳，都市戸籍，都市部に

住む）は企業の基本状況を筆者に紹介した。企業の敷地面積は約4,000平方メートルで，建坪は3,000平方メートル余である。部品サプライヤーであり，主に船舶用と自動車用に供給される鉄の常温での加工である冷間鍛造加工製品の薄鋼板を使った部品を生産している。2003年に，企業は「ISO9001:2000サービス取り組み」の認証を取得し，2012年に，「ISO9001:2008サービス取り組み」の認証を取得した。2014年度の総生産額は2,800万人民元であり，2015年度の総生産額は1,700万人民元である。工作機械に各種機械加工設備を加えて，123台を所有している。大部分は国産であり，少数ではあるが，日本やチェコから輸入したものも設置している。企業の従業員数は合計62人であり，地元の人は25％を占め，他は吉林省，黒竜江省から来た農民工である。外来の農民工の中で，女性は25人，男性は12人，全員は青壮年（20——40代）労働力である。30歳以下の農民工は30人であり，30～40歳の農民工は7人いる。

　管理職員と技術者には月給制の固定給で支払い，工場労働者には日給制の固定給で支払われる。従事内容と経験によって，労働者の最低日給は80元であり，最高日給は170元である。企業は地元労働者（農民工）及び管理職員と技術者（共に5人）に各種保険料（医療，失業，年金，労災，出産）を支払うが，吉林省，黒竜江省から来た農民工に保険料は支払われていない。この企業は定休日がなく，管理職員と技術者は週一回休んでもいいが，労働者は所用があれば，休日を取れるが，それは有給休暇ではない。農民工たちは少しでも収入を確保したければ，毎日の出勤は可能である。

企業調査2：大連高速段ボール製造株式会社　（2016年7月）

　大連高速段ボール製造株式会社は，旅順口区北海鎮後沙包村に位置する2000年に設立された郷鎮企業である。企業の経営者隋氏（65歳，農村戸籍，後沙包村に住む）は企業の基本状況を筆者に紹介した。企業の敷地面積は約4,700平方メートル余で，建坪は4,200平方メートルである。各種サイズの段ボール箱を生産している。2010年に企業は「ISO9001:2008サービス取り組み」の認証を取得した。2014年度の総生産額は2,300万元であり，2015年度の総

生産額は1,532万元で，3,125,700個の段ボール箱を生産した。工作機械と加工設備は共に32台あり，全てが国産のものである。従業員数は合計35人（管理職員と労働者）であり，地元の22人の農民工が雇用されており，吉林省，黒竜江省から来た農民工は13人が雇用されているが，全て男性であり，年齢は30～40歳である。

　労働者の給料は月給制である。一か月約2,000～3,000人民元で，賃金水準は一様でなく，個人の能力及び経験年数によって定められている。管理職員で隋氏以外に二人いるが，隋氏の親戚であり，またトラックの運転手も二人いるが，やはり親戚である。その4人の給料明細に関しては調査できなかった。全体の従業員に対しては労災保険金を支払い，他の保険金は親戚のみに支払い，地元の農民工と外来の農民工には支払わない。毎週日曜日は定休日である。

B.庄河市の農村部に位置する企業の調査

　大連市の東北部に位置して，行政機構上は大連市に包摂されている庄河市は，昔から農業生産を主としており，工業の発展は遅い。都市部の面積は小さく，非農業人口は少ない。大部分の区域は農村であり，農業人口数が多い。庄河市統計局により公布された人口調査（全国第六回国勢調査）データによれば，「2010年，総人口数は841,321人であり，都市部の非農業人口数は2005年の18万人から2010年の23.7万人まで増加した」[100]，と述べられている。庄河市の農村部には22の郷と鎮がある。すなわち，青堆鎮，徐嶺鎮，黒島鎮，栗子房鎮，大営鎮，塔嶺鎮，仙人洞鎮，蓉花山鎮，長嶺鎮，荷花山鎮，城山鎮，光明山鎮，大鄭鎮，呉炉鎮，王家鎮，明陽鎮（2009年に都市化の推進のために，「明陽鎮」は「明陽街道」に変更された），鞍子山郷，太平嶺満族郷，歩雲山郷，桂雲花満族郷，兰店郷，石城郷である。筆者が庄河市工商行政管理局から得た情報によれば，旅順口区の状況と同じように，庄河市の農村部では，倒産をまぬがれて残った郷鎮企業は，全て90年代前半までに株式会社形態の民営企業に組織変更された。このように郷鎮企業の企業数は少なく，且つ各郷，鎮では分布は不均等であることが分かる（表8参照）。

表8 庄河市農村部企業数（2015年）

郷・鎮名	企業数	郷・鎮名	企業数	郷・鎮名	企業数
青堆鎮	12	蓉花山鎮	2	王家鎮	3
徐嶺鎮	7	長嶺鎮	1	明陽鎮（街道）	6
黒島鎮	13	荷花山鎮	5	鞍子山郷	4
栗子房鎮	2	城山鎮	3	太平嶺満族郷	2
大営鎮	2	光明山鎮	13	歩雲山郷	3
塔嶺鎮	2	大鄭鎮	14	桂雲花満族郷	4
仙人洞鎮	3	呉炉鎮	2	兰店郷	8
				石城郷	5

出典資料：筆者の聞き取り調査を基に作成。

　庄河市の農村地区においては，表8で示した郷鎮企業では，60万人余いる農村人口の内，農民工を希望しているような人々や，その比率に対しての郷鎮企業の労働力吸収の寄与率は計算可能である。ただし，その数字は必ずしも十分ではない。筆者は大営鎮に行ったことがあるが，そこでは，ただ二つの郷鎮企業があり，鶏肉処理工場と機械加工工場である。実際に，農地で労働している人々は殆ど老人，婦人，また小学校にかよっているような子供である。若者が出稼ぎ労働者として出向く大連市は庄河市に隣接している。その大連市は，商工業が発展しており，外資企業も多い。特に，3,000社程の日本系企業が活動しており，大量の農民工を採用している。

　庄河市のように，農業生産を主とする地区は，2013年度中国に中・小都市総合実力百強県，市（ランキングの100位以内に名を連ねる県また市）の中で，第32位に名を連ねた。ところで，32位以下の地区の総合実力，経済力はどんなレベルであろうか。全国でこのグループに入っていない中・小都市はどんな様相であろうか。今後，更に，中国の農村部，中・小都市について，研究を深めたい。

第4章　中国農村の貧困と教育の現状

第1節　中国農民工激増の原因

i.中国農村における貧困の実相

2001年から中国国家統計局は定期的に『中国農村貧困監測報告』を出版している。中国農村の貧困状況が公表され，中国政府各部門の貧困農村に対しての扶助成果と今後解決すべき問題が紹介されている。

『報告2001』(『中国農村貧困監測報告——2001』，『中国農村貧困監測報告——2011』は，以下で『報告2001』，『報告2011』と略して使用する)では，以下のように，貧困基準が規定されている。「中国の貧困状況を理解するためには，最初に貧困基準を確定しなければいけない。1980年代中期に，中国国家統計局と国務院貧脱却事務所とは連合して，中国歴史上最初の正式な貧困基準を立てた。それから，毎年，物価指数と貧困を量る方法の進行に基づいて適当な調整が行われた。しかし，根本的な出発点は変わっていない。……その貧困基準には二種類があり，一つは最低栄養基準 (2,100キロカロリー／人，日) を満足する基本的食品基準，すなわち『食品貧困ライン』である。次は最低限度の衣類，住宅，交通，医療及び他の社会サービスなど非食品消費の需要であり，すなわち『非食品貧困ライン』である。最後は，『食品貧困ライン』に『非食品貧困ライン』を加えて中国の貧困基準になる」[101]，と。

2000年，国家統計局は新しい分析方法を導入した。貧困農村のデータを推計によって公表する。これに対して，専門家は二つの貧困ラインを推計によって計算する。「一つは『極貧基準 (絶対的貧困)』625元であり，一つは『低所得基準』865元である。一方，貧困ライン基準を作ることは一人当たりの消費生活の支出に基づいている。一人当たりの所得に基づいてはいない。消

費水準で貧困基準を作る理由は次の通りである。所得の水準は景気と天候で大きく変化する。それに対して消費支出の水準は相対的に穏やかである。これによって農民の長期的所得のレベルを具体的に把握できる。故に，625元と865元を二つの貧困農家の基準値として定義することが可能となったのである」[102)，と述べている。新しい基準の導入から最終的な確定まで，その適否の確認が必要という理由で，二つの貧困ライン基準が併存していた。すなわち，「極貧基準」と「低所得基準」である。国家がどちらの「基準」を採用することになるかは，国家の財政支出能力と貧困地区に対する扶助方針で決定されると思われる。

表9　1978～2000年農村極貧（絶対的貧困）基準の時系列変化

年次	貧困ライン標準（元／人）	年次	貧困ライン標準（元／人）
1978年	100	1992年	317
1984年	200	1994年	440
1985年	206	1995年	530
1986年	213	1997年	640
1987年	227	1998年	635
1988年	236	1999年	625
1989年	259	2000年	625
1990年	300		

出典資料：『中国農村貧困監測報告——2001』P.8。

『報告2011』では，「我が国では貧困地区を扶助するプロセスにおいて，2007年よりも以前は『絶対的貧困』基準を使っており，その基準によって扶助対象を確定し，中央の扶助資金を分配していた。『低所得基準』は比較的先進の地区の扶助のためのデータとした。2008年に，第十七回全国人民代表会議は，『次第に扶助基準を高める』という方針によって，我が国は正式に『低所得基準』を採用し，貧困地区扶助の基準とした」[103)，と叙述される。

都市と農村が分離された「二元経済体制」のために，中国農村は長期的に貧困問題の苦しみを受けることになったと推論することができる。1949年から1978年までの30年間，経済的基礎の薄弱性と社会主義的な政策のために，また農村部における「人民公社」の生産方式の採用に由来して，農業生産力が極めて低くなってしまった。1978年の農村部の絶対的貧困状態人口数

表10 2000〜2014年貧困人口規模の推移

年次	低所得基準での推計		絶対的貧困基準での推計	
	基準（元／人）	規模（万人）	基準（元／人）	規模（万人）
2000年	865	9,422	625	3,209
2001年	872	9,029	630	2,927
2002年	869	8,645	627	2,820
2003年	882	8,517	637	2,900
2004年	924	7,587	668	2,610
2005年	944	6,432	683	2,365
2006年	958	5,698	693	2,148
2007年	1,067	4,320	785	1,479
2008年	1,196	4,007	895	1,004
2009年	1,196	3,597		
2010年	1,274	2,688		
2011年	2,300	12,238		
2012年	2,300	9,899		
2013年	2,300	8,249		
2014年	2,300	7,017		

出典資料：『中国農村貧困監測報告――2011』P.12のデータと2011〜2014年『国民経済と社会発展統計公報』により筆者作成。

図1．農村貧困人口　　　　　　　　　　（万人）

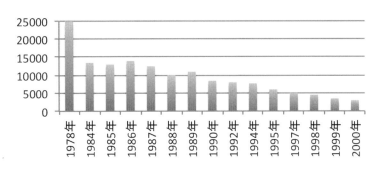

出典資料：『中国農村貧困監測報告――2001』の図1。

は2.5億人[104]（図1参照）である。ところが，1978年末になると，中国総人口は9億5,809万人[105]となる。農村人口は87.5％[106]を占め，8億3832,875万人である。1978年の時点では，中国には農村の貧困人口が農村総人口数の約30％を占めていたことが分かる。「改革・開放」以降，中国は強力に市場

81

経済を推進して，農村の貧困問題を改善し始めた。「絶対的貧困基準」を基準として見れば，中国農村の貧困人口数は1978年時期の2.5億人から，2000年時期の3,000万人にまで減少している。

世界銀行は1985年の時点において，PPP[107]ドルによって，各国の貧困度を測る基準としての国際貧困ラインを算出した。「極貧の貧困ラインは年間で一人当たり275ドル未満であり，貧困者の貧困ラインは年間で一人当たり370ドル未満である」[108]，と述べている。貧困者の貧困ラインによって算定すれば，1985年の中国における貧困人口数（極貧の貧困者を含む）は2.1億人[109]という結果が出てくる。

2009年に，中国政府は貧困を測る基準を調整し，それまでの「低所得基準」が「絶対貧困基準」となった。新しい貧困ライン基準が実行されて以降，農村の貧困人口が大幅に増加することになった。この問題をふまえて，「開発によって貧困地区を扶助する」[110]とはいっても，一体，どのようにすれば農民の生活水準を高めることに繋がるのであろうかという問題が切迫した中国の社会問題となった。新しい基準を実行したとしても，2010年の貧困ラインは1,274元であり，1ドル＝6.77人民元という2010年時点の（年間平均）換算レートで計算しても，190ドルにすぎない。それに対して，世界銀行の場合は「2015年10月，国際貧困ラインを2011年の購買力平価（PPP）に基づき，1日1.90ドルと設定」[111]しているのであるから，依然として一定の格差が存在しているわけである。

中国政府は1986年，「貧困地域を扶助する計画」を始動した。これは年間所得が政府の基準以下の人のみを扶助の対象とするものである。だが，この基準は国際的基準よりも相当に低位設定であるため，この場合の貧困人口は国家統計局のデータを大幅に超過することになる。2009年12月18日に，温家宝はコペンハーゲンにおいて，「国際的貧困基準によれば，中国にはまだ1.5億人が貧困ライン以下で暮らしているのである」[112]，と発言している。2009年，中国の総人口は13億3,474万人[113]であり，農村部で生活している人口は7億1,288万人[114]である。すなわち，中国農村の貧困人口数は農村人口の約21％を占めていた。

中国のGDPが世界2位になったものの、中国国内では、特に農民層を中心に貧困は解消されなかった。表11に示したように、中国における農民の収入・支出は都市戸籍住民の収入・支出水準の半分以下、更に三分の一程度しか達していないのである。

表11 都市住民と農民の年間所得額と支出

年次	都市部住民の年間一人当たり所得(元)	農村部農民の年間一人当たり所得(元)	都市部住民の年間一人当たり支出(元)	農村部農民の年間一人当たり支出(元)
1990年	1,510	686	1,279	585
1995年	4,283	1577.7	3537.6	1310.4
2000年	6,280	2,253	4,998	1670
2006年	11,759	3,587	8,697	2829
2007年	13,786	4,140	9,997	3224
2008年	15,781	4,761	11,243	3661
2009年	17,175	5,153	12,265	3993
2010年	19109.4	5919.0	13471.5	4381.8
2011年	21809.8	6977.3	15160.9	5221.1
2012年	24564.7	7916.6	16674.3	5908.0
2013年	26467.0	9429.6	15453.0	7485.2
2014年	28843.9	10488.9	16690.6	8382.6

出典資料:『中国統計年鑑2008』115) のP.315のデータと『中国統計年鑑2010』のP.340のデータと『中国統計年鑑2015』116) のP.182, P.183, P.188, P.189のデータを基に筆者作成。

1985年から2014年にかけて、中国政府は農村貧困ライン基準を2,100元弱に引き上げた。「中国中央の国有企業————中国平安保険株式会社の代表取締役馬明哲は、2007年の年収が課税額で6,616万元(870万ドル相当、当年の平均為替レートにより計算)で、平均で毎日の所得は18.12万元であり、国内における高級管理者所得の最高記録を作った」[117]、という記述も確認することができる。これは、メディア報道で公表された内容である。中国における、最高所得と最低所得の格差が1万倍以上に達した、と推定することさえ可能である。但し、最低所得者は限りなく、ゼロ元であり、このような倍率計算は意味を持つとは言えない。

国家統計局が公表した統計によれば、1978年に、農民家庭の年間一人当たり所得は133.57元[118]あり、2014年には10488.9元となり、約1,000倍に上昇している。しかし、貧困ライン基準は1978年の100元から、2014年の2,300

元まで，23倍に上昇しているのみである（表9，表10参照）。

　高度経済成長が実現しているわけであるから，中国においては，その貧困ラインの基準を上昇させなければ，客観的な貧富の格差の現状を把握できないということは明白である。しかし，その貧困ラインが低位であるために，中国政府は農村貧困層を把握したとは言い難い。『報告2001』では，「現在の貧困ライン基準はかなりの程度に政策的基準であり，中国政府の財力と能力によって決めた救済基準である」[119]，と厳しい指摘がなされている。

　中国では，商売をすることによって経済的に豊かになった人もいる。株の投機的な売買で富を追い求めようとする人々も多数いる。投資して工場や企業を経営することに依拠して，裕福になった人もいる。しかし，中国の農業は世界市場に向けて，安価な農産物を大量に輸出している現状があり，これを契機にして，中国の農村が豊かになる可能性が見られる。けれども，一般的に言って，農業それ自身で生活を維持するのに十分な貨幣収入を得ることは非常に困難な状況下にあるといえよう。単に農耕を行い，その農産物を国家管理のもとで売却し，その収入を得るだけでは農民は豊かにはなれないのである。それ故に，若い世代の中国農民は大都市に出ていって，農民工になろうと希望するのである。自分の戸籍地を離れることは，中国語では，「外出」するというが，若い農民が都市を目指して「外出」することになれば，すなわち，農民でありながら都市部で農業以外の就労に従事する農民工になれば，農村に残るよりも「もっと多くのお金を稼ぐ」ということが実現するのである。形式的な政策面で見れば，「人民公社」の束縛から解放され，「農家生産請負制」が導入され，国家に一定割合を納めた後は自由な価格で商品経済的に自由に処分して，十分に利潤の追求が保障され，農民のインセンティブが解き放たれると言われてきたが，それは実際その通りだったのだろうか。十分に農業が報われる職業であれば，3億人弱の農民工の発生の説明がつかない。農民は「人民公社」の束縛から解放された。それは本当だろう。しかし，農民は自由に自分の作物を市場で売却できているのだろうか。生活水準は上昇しているのだろうか。ところが，そのいわゆる向上が相対的であったのである。昔から農民は十分に食べることができないと言われてきた。とこ

ろが，改革後は基本的に満足できる食事が可能になった。1980・90年代，更に現在になっても，依然として中央政府により主導されるメディア（新聞，ニュース）に改革の偉大な事跡として褒め称えられている。依然として高校の政治・経済の教科書中の重要な内容としてあげられている。1949年以降の中国政治経済大事件を顧みて，「農家生産請負制」や「改革・開放」や「九二南方講話」は皆鄧小平時代の政治上の功績として取り上げられている。しかし，鄧小平時代以降これまでの中央政府は「農家生産請負制」をスローガンとして美化しているだけで，それ以後の現実的な農村経済の発展のための政策は提起されていない。農民の民生問題は本質的に改善されていない。

　改革措置として，数少ない改革政策として出されたのが2006年農業税の廃止であった[120]。国家の財政支出及び経済政策は都市部（特に北京，上海のような大都市）偏重になっている。故に，中国都市部の様相やインフラや都市住民の所得及び生活レベルや社会福祉は大幅に向上した。しかし同時に，水かさを増せば船も高くなるわけで，都市部の物価が上がれば，全国的に生活必需品（消費財）や工業製品の価格や他の費用も自然に上がってくる道理である。1980年代後期になって，農民たちは郷里に引き続き留まれないようになった。農村に留まれば，満足な食事ができるが，まだ衣服への欲望や娯楽の追求などの一連の物質的な問題解決にはならない。若い農民に対して，農村に留まれと強制することはできない。彼らは未来の希望に燃え立つ心を持っているのである。本稿によって論証しようとしたことの一つは，以下のことである。何故大量の農村青壮年労働力は都市に入ったのか。その答えは，農業によって得られる農産物販売利益が極めて低いことに由来するのである。以下，この点を農村での現地調査の事例にふまえて，明らかにしていきたい。

調査事例1　（2015年6月）

　遼寧省大連市旅順口区三澗堡鎮韓家村に住んでいるG氏の事例に関して，以下にまとめる。夫婦は共に70歳（2015年現在）で，子息は一人で，既婚であり，まだ韓家村で暮らしている。G氏夫婦に子息を加えて，3人で請け負っている田畑は4.5ムーである。その中の4ム――は2012年までは麦を植

えていた。毎年，麦を刈り入れる。G家では自家の碾き臼で麦粉を挽く。その麦粉は旅順口区では「磨子面」と呼ばれる。G氏は馬車で，2000年以降はモーター付き三輪車で小麦粉を都市まで運んで販売していた。G氏は自ら生産し，自分で販売する場合は，利潤は大きいと言った。「磨子面」は農民が手で少しずつ挽いている。いかなる添加物も加えていないので，小麦粉加工工場で生産された小麦粉より健康に良いとされている。価格はスーパーマーケット店よりキロ当たり20％ぐらい高く，「磨子面」を売る収入はG氏家庭の主な収入である。残った0.5ムー──田畑は自家の食用野菜（白菜，大根，葱，トマト，じゃがいも，さつま芋など）を植えていた。G氏が20年余やってきたが，2012年以後，加齢とともに，体力が衰えて，麦を植えなかった。息子と親戚とは共同投資して，その親戚は大部分の資金を負担し，G氏家庭は敷地を提供する。田畑に煉瓦作りの建物を築いて，鶏を飼う。その建物について，G氏は次のように言った。すなわち，建築時に，政府公務員は制止しに来たことがあった。しかし，その時はお金で解決した。建物を作り上げたら，訪れる人もいなかった。政策によれば，田畑を濫用してはいけないが，地方では空文化する傾向が否めない，ということであった。

　G氏は2012年当時，彼が麦を生産する場合の支出と収入の情況を筆者に対して詳しく紹介してくれた。4ムーの麦を植えた。種子を買って，320元ほどかかった。化学肥料代は650元ぐらいで，農機具を賃借して，畑を耕し播種するための賃借料は200元であった。農薬を2回散布した。農薬費用は160元であった。麦の成長中期に化学肥料を1回追肥して，120元かかった。G氏自家の井戸は深く掘ってあり，水源は充分なので，灌漑用水の費用は省くことができた。麦を刈り入れるとき，G氏の家庭は労働力不足なので，人を雇う必要が生じた。1ムーの麦を刈り入れる人件費は50元で，4ムーで200元を支出した。モーター付き三輪車用ガソリンは100元であった。勘定して，4ムーの麦の生産費を算出したら，合計で1550元となった。

　G氏は，「2012年は天候が順調で麦の出来がよかったため，4ムーの田畑で1,900キロの麦を収穫した。当該年，麦の販売価格は1.94〜2元／キロであったので，総売り上げは3,700元前後であった。コストを除いて2,000元ぐらい

稼げた」と言った。G氏が自分で麦を「磨子面」に加工しているため，加工せずに販売する場合よりも高く販売できる。そのため，2012年のG氏夫婦の収入は2,500元であり，政府からもらった70元/ムーの食糧補助金（食糧補助金に関する政策は後で説明する）を加えて，G氏夫婦の所得は2,800元である。また，G氏は，「順調な気候条件にも恵まれることも多いが，災害に遭ったこともあった。そこで収穫は一気に落ち込んだ。一年間の所得は2,800元から大きく落ち込んだ。しかしこの金額は息子が工場で一カ月労働して稼いだ賃金と等しいものであった。この数十年のあいだ，国家は食糧の買い取り価格を上げた。しかし，食糧の買い取り価格が上がると，化学肥料の価格も直ちに上がり，しかも，食糧の値段よりも上昇幅は大きかった。実は，私（G氏）は，麦の価格が上がることを渇望してはいない，ただ農業用物資の価格が上がらないことを渇望するだけである。この幾年来，農薬の価格だけ些かに安定的であり，ほかの農業用物資は，特に化学肥料の価格は急激に上がった。2013年，化学肥料の価格は2008年以前よりほぼ倍増し，麦の価格はわずかに0.2～0.3元が上がり，格差が大きい」と言った。

調査事例2　（2015年6月）

　遼寧省庄河市大営鎮大営村に住んでいるH氏の家庭を調査した。世帯主はH氏が58歳（2015年）であり，夫人は56歳である。家には息子が一人で，息子の妻を加えて，そして4歳の孫と1歳未満の孫が2人いる。6人が同居している。H氏家庭は6ムーの出畑（息子の嫁と2人の孫は出畑支給はない）を請け負っている。息子は中学校を卒業してから，大連市の日本系企業で勤務しているが，週末には家に帰っている。息子の妻はいつも2人の子供の世話をしている。H氏家庭の6ムー田畑は基本的にH氏夫婦2人で経営・耕作している。夏季に6ムーのトウモロコシを植える。収穫後，大部分のトウモロコシが売り出され，一部が残される。また，H氏家の庭では豚2頭と10匹の雄の鶏を飼っている。何故雄鶏を飼うか，ということは漢方薬の原料として販売するからである。家畜はトウモロコシを飼料としている。トウモロコシを刈り入れてから，白菜や大根などの野菜を植えて，冬季に自家食用になる。

H氏の紹介によれば、6ムーのトウモロコシの植え付けを行った。12キロの種が必要で、14元／キロで、168元はかかる。1ムー田畑は一袋の尿素が必要で、110元／袋で、660元はかかる。灌漑用水が90元／回で、仮に降雨が充分な場合には一回の人工灌漑で足り、仮に降雨不足の場合には、トウモロコシが熟すまでに追加で2回灌漑し、180元はかかる。除草剤は120元かかり、農薬を買って、140元かかる。6ムーのトウモロコシは天候順調の場合、約1,200元を投入する。1ムーの田畑は約500キロのトウモロコシを収穫でき、6ムーの田畑で産出したトウモロコシの売り上げは4,800～5,000元であり、1,200元のコストを除いて、約3,600元を稼げる。600元／ムーを稼ぐ時は一番よい収穫の場合である。庄河市地区は海に近いので、風が強く、強い風雨に遭う。その場合は、作物が倒伏する。このような損失をリスクとすれば、損失を考えて、それほど多い収穫にはならない。1ムーのトウモロコシは500元稼げば良い方である。更に、農業生産の所得の計算方法は売り上げからコストをマイナスすればそれがそのまま利潤になるわけではない。農業生産に従事しない人にとっては自然に左右されるのが農業であるというリスクの問題がわからない。2015年の場合を話そう。いつも通り1,200元を投入した。しかし、夏に入って、全然雨が降らない。人間や家畜の飲用水も不足する。例年であれば、平均で2,000キロぐらいの収穫を見込めるが2015年は、トウモロコシはほとんど収穫の見込みが立たない。6ムーの田畑で300キロが収穫できれば、良い方である。その収穫量であっても、豚、鶏の飼料の確保については問題はないと語ってくれた。

　2014年、H氏は大部分のトウモロコシを売却し、2,700～2,800元ぐらいの売上げがあった。政府からもらった食糧補助金を加えて、農作物販売による収入は3,000元ぐらいである。自家で飼育している豚は一頭を売り、鶏は半分を売り、500元の売上げを稼いだ。合計をすると、2014年のH氏夫婦の所得は約3,500元である。しかし、2015年H氏夫婦の所得は約ゼロ、もしくはマイナスである。H氏は、地元ニュースの報道によれば、遼東半島南部地区の夏季のトウモロコシは降雨がないために、収穫がゼロに瀕していると語ってくれた。

食糧生産と比べれば，野菜や果物などの経済作物を作った方が，収益が高いはずだと思い，その問題について，筆者はＨ氏のケースを聞き取った。Ｈ氏は，「例えばキュウリを植えた。敷地面積の１ムーの日光温室では２日間で150キロのキュウリを摘めた。３元／キロで１年に２回が収穫でき，年収は３万元以上である。ところが，収益は確かに高い。けれども，弱点が存在する。ローンを借りることが難しいという問題である。１つの日光温室を作れば，コストで少なくとも９万元はかかる。四，五棟を作れば，四，五十万元はかかる。だが，銀行は基本的には農民に貸し出さない。村では農民Ｋ氏が借金で日光温室を作った。しかし，経済作物は食糧とは違い，心をこめて世話をしなければならない，農業技術の要求も高い，最もよい場合には農業技術員の指導をもらうこともできる。その農民が最初に植える場合，経験不足で，天井部分はプラスチックの膜を２枚だけ覆った。故に，保温効果が悪く，寒気に遭い，キュウリが全滅した。他方，キュウリが熟したら，買い手と連絡をつけることに悩む。温室はどこにもない。温室を作るだけの大金は農民にはないんだ。テレビのニュースを最近見た。田畑には温室が並んでいた。所有者の彼はテレビのインタビューで高い収益性を誇らしげに語った。私はそんなのは信じられない。これだけの温室を作れる資金力なんかもともと農民にはない。テレビは真実を語ってくれない」，と言った。

　Ｈ氏は息子に筆者を案内させた。６ムーのトウモロコシの状況を見せてくれた。ところが，農民工で出稼ぎをしている息子には，数千ムーの田畑のどの部分が自家のトウモロコン畑がわからない，と言う。

　その後，Ｈ氏夫妻が改めて田畑に案内してくれた。一面に枯れて黄色になったトウモロコシ畑があった。何千ムーのすべてのトウモロコシは全滅の状態であった。Ｈ氏の息子は，「果物や野菜の小売価格が高すぎるが，農民にとっては利益にはならない。政府は農産物流通の管理をしていないので，野菜などの取扱卸や小売商人のみが金儲けをしている」，と語ってくれた。「政府の多数の部局の関心は農産物流通から税を徴収することにだけある」と語ってくれた。

(G氏とH氏)調査対象の当該農家は農産物販売による収入が極端に少ない。何故か。それは，彼らの主な家庭収入は息子たちの農民工として得た賃金が実家に送金されることで成立しているからである。

　中国農民にとって農業からの収益が何故極端に低いのか。まず，中国農民の一人当たり田畑面積が小さいことである。故に，農作物の産出高は小さい。従って，収益の低いのも当然である。以上は客観的な原因である。他方，農作物価格と生産コストの問題もある。中国政府は中国農業の社会的，経済的矛盾の所在に対してしっかり理解している。2005年12月31日，中央政府は，「中共中央国務院，社会主義新農村建設を推進することに関する若干意見」(2006年の中央1号文書)を発表した。「社会全体で『小康』[121]社会を建設しようとすれば，最も困難な，最も複雑で重大な任務は農村にある。……農村人口の多いことはわが国の国情である。しっかりと農村部の経済を前進させ，しっかりと農村を建設し，農民に裕福な生活をさせてこそ，全人民が共に努力した経済成長の成果を享受できる。また継続的に国内市場を拡大できる。国民経済の継続的な成長を促進できる。／……工業は逆に農業を補助すること，都市は農村を支えること，農村に対して，多く与え，少なく取り出し，自由にやらせることの方針を施行する」[122]，と述べている。中国政府は最初に工業を進めるという工業優先の経済づくりに取り組んだ。まず農産物を安く買い上げ，高い価格の工業品を農民に売りつけるという政策を行った。これによって現在の中国農村の局面が形成されてきたわけである。すべて都市や工業や産業の発展が優先された。しかし，2004年から，農民に対しての直接的補助が提供され始めた。10年以上を経た今でも，この政策の効果は顕著にはなっていない。つまり，農民と都市住民の所得格差が縮小していないのである。故に，この手段によっては根本的な農民所得増加の問題を解決したとは到底いえない。

　2003年12月31日，全国の農民の一人当たりの所得が持続して上昇しづらい情況に対して，中央政府は「中共中央国務院，農民が収入の増加を促進することに関する若干政策の意見」(2004年の中央1号文書)を公布した。その内容は以下の通りである。「目前に農業と農村の発展は多くの矛盾及び問題

点が存在している。顕著なものは農民の所得が上昇しづらいので，全国農民の一人当たりの所得は連続して上昇しづらい。特に，食糧の主産地地区[123]における農民は所得の伸び幅が全国平均レベルより低い。多くの単純な農業に従事する農民の所得は持続して上昇せず，更に下がってくる。都市部の市民と農村部の農民は所得格差が依然として拡大し続けている。農民の所得は長期的に高めることができなければ，農民生活水準の上昇が阻害されるだけでなく，食糧生産と農産物の供給も影響を受ける。農村部経済の成長に制約があるだけではなく，国民経済全体の成長にも制約がある。また農村社会の進歩にも関係するだけではなく，全面的に小康社会を目指し，実現することにも関係することであり，重大な経済的問題となるだけではなく，重大な政治的問題ともなりうるのである。／現段階では農民の所得が上昇しづらいことは……都市，農村の二元体制のために長期的に積み重ねた各種の複雑な矛盾の総合的な反映である」[124]，と述べている。ここで，中国政府は遂に「二元」体制が国民経済にもたらした影響を反省し始めた。何故この2003年の時点に及んで，事態の重さを認識したのか。農村経済の景気動向が国家全体の経済成長を制約するからである。この国家では人口過半を占める農民（特に食糧を生産する農民）の所得が持続的に低下し，それに相応して，日常的な購買力が低下してしまった。膨大な農民・農村の市場を開拓しない限り，都市部で生産された商品は都市部のみで消費されるしかない。

　仮にそうすれば，工業生産は需要を超える現象ができ，需要・供給の法則は踏み躙れ，悪化し続ければ，経済恐慌が発生する。それはただ「三農」問題だけではなく，中国国民経済の大局に関係する。農民の所得問題，生活水準問題が2004年に中国政府に重視されたというよりは2004年の以前は軽視されていたというべきであろう。このような事態がつづけば，農民の所得問題及び市民と農民の所得格差問題は危機の瀬戸際にまで追い込まれてしまう。

　農業に従事する農民の中では，食糧を生産する農民の所得は最低の水準となっている。中国政府は1950年代末期から60年代初期にかけての大飢饉はまだ農民の記憶に残る事態であった。故に，食糧は粗略にしてはならないのである。2004年から，政府は食糧を生産する農民に直接的補助を施行し始

めた。中央の1号文書では，「2004年に，中央政府は……食糧の主産地地区に対して，農民の直接的補助金を負担しなければならない。他の各省は地域内で食糧を生産する農民に対して，直接的補助金を負担しなければならない。各地方政府は，食糧を生産する農民のインセンティブを様々な政策で高めなければならない。そのために，実行しやすく，且つ監督しやすい方法を考察し，補助金を支給する場合では確実に農民の手に渡る方法を考察しなければならない」[125)]，と述べている。2005年2月17日に公布した中央1号文書，すなわち，「中共中央国務院，農村仕事を一層強化し，農業総合生産能力を高めることに関する若干政策の意見」[126)]では，食糧を生産する農民に直接的補助を実行し続けること以外に「優良品種補助」と「農機具買い入れ補助」が増えたことである。2007年の中央1号文書，すなわち，「中共中央国務院，積極的に現代農業を発展し，社会主義新農村建設をしっかり推進することに関する若干意見」[127)]では，また「農業生産資料総合補助」が増えたことである。この四つの農業補助は最初に麦，トウモロコシ，稲，アブラナなど食糧と食用油用の農産物であり，それから，補助対象の農産物の種類は徐々に増えて，例えば，綿花，落花生，馬鈴薯などに拡大していった。しかし，野菜，果物は含まれていない。肝要な点は，補助している金額が少なすぎることである。1ムー当たりの補助金は一回の風邪の医療費にも足りないのが実情である。更に，農薬，化学肥料など生産手段の値上がりに対しては効果が期待できないのである。故に，僅かの農業補助金では生活水準でも，次年度の再生産の確保においても，役割を果たせないのである。

　以下は，筆者が農村で発見したことがらである。簡単に言えば，この補助金受給に関する不正の多発である。農業補助金受給の過程には，補助資格以外に多くの農民も補助金を獲得した。更に，田畑は耕作しないまま，都市へ出稼ぎに行く農民でも補助金を獲得したケースもある。毎年，政府はその四種類の農業補助金に対しての予算が一定であり，食糧を生産する農民の所得を高める。しかし，実施する過程に資金が分散されてしまった。2004年から，10年以上を経た今でも，農民と都市住民間の所得格差が縮小せず，農民家庭は生活水準の改善が依然として出稼ぎを頼りにしている。目下の政策に

よって実行し続ける場合には，現在でも，将来でも，農村，農業，農民の状況は変わらないと思われる。

ii. 貧困地区に対する扶助開発政策

中央政府は，「貧困人口は主に国家によって重点的に扶助される592ヵ所の貧困県に集中している。それらの貧困県は中西部の奥山区域，岩山区域，荒涼たる砂漠区域，緯度の高い寒冷山間地帯，黄土高原，風土病の流行地区及びダム区域に分布している。そのうえ，これらの地区は古い時期に解放された革命地区（1949年前）と少数民族地区である。共通する特徴は，辺鄙で中央から遠く離れ，交通不便，栄養失調，経済成長の遅れ，教育が立ち遅れ，水資源が不足，生産・生活条件が極めて劣悪である」[128]，という。このような地区の生態環境は劣悪で不安定であり，自然災害が多発し，農産物の安定した生産量を確保することは困難である。そのうえ，劣悪な自然環境は投資の機会を減衰させる。

1986年から始動した中央政府の貧困脱却計画は，1985年以前の貧困扶助方式に比較すれば，根本的に改革されたといえる。すなわち，救済的扶助を開発的扶助に変え，市場経済の考え方が貧困地区の建設に導入された。主に，銀行ローンの方式で貧困地区に資金を投入することである。1994年4月「国家八七貧困扶助攻略計画」の公布に従って，農村貧困地区に対しての扶助・開発は新しい段階に入った。その目標は，「二十世紀末までの7年間で，基本的に8,000万貧困人口（当時の貧困ライン基準により統計）の衣食問題を解決することである」[129]，と明示されている。

1986年から2000年にかけて，中国農業銀行によって資金貸付が開始された。その累計金額は880億元に達した（表12参照）。『報告2001』では，「政府は『国家八七貧困扶助攻略計画』の実施後，貧困地区への農村貸付供与金額は顕著に増えた。……貸付金の全貧困扶助資金の比率は年々増加した。1995年，貧困扶助資金が全体で98.5億元であり，その中で貸付金が45.5億元であり，46.2％を占めた。1996年，国家財政によって支出した貧困扶助資金が108億元であり，その中で貸付金が55億元であり，50.9％を占めた。1997年，

貸付金は全体の貧困扶助資金の55％であった。1999年と2000年に，その比率が60％に達し，貸付の供与は貧困扶助資金の主力になった」[130]，と紹介されている。

表12　貧困扶助貸付金の投入の推移　　（単位：億元）

年次	貸付金	年次	貸付金	年次	貸付金
1986年	23	1991年	35	1996年	55
1987年	23	1992年	41	1997年	85
1988年	29	1993年	35	1998年	100
1989年	30	1994年	45	1999年	150
1990年	30	1995年	45.5	2000年	153

出典資料：『中国農村貧困監測報告2001』P.77。

実は，国有農業銀行がクレジットを供与することは政治的行為であるばかりでなく，同時に経済的行為でもある。政府が国内各地域間の経済成長を促進させるために，加えて，貧困地区ではインフラを改善することと地元の中核的な産業を振興するために，実施した貧困扶助計画である。他方，当該時期における，鄧小平の理念は，先に一部の地域から豊かになり，そして，後進の地域を助け，共同に富裕になろうという有名な先富論として知られている。言うまでもなく，その貸付は国家財政的資金の無償支給あるいは無償投入ではなく，金融システムを通じて有利子で資金を提供した。更に，政策面の傾向と救援特徴を持っていることである。一般的な商業ローンは経済的利益を出発点にしている。つまり，元金と利子の回収によって銀行利潤を実現しようとするものである。ところが，このような半経済的半政治的な貸付がなされた場合には必然的にトラブルが発生する。

『報告2001』では，「貧困地区を扶助する貸付は高い政策傾向が付いているので，かなりの程度に貸し付ける商業的操作は制限された。広大なる貧困農村地区では，経済状況やインフラや人的要因や市場環境などの要素の影響を受け，銀行は貸付を供与すると，当然のことながら大きなリスクを背負い込むこととなる。経済的収益と社会的収益の間に取捨と手加減を加えることは極めて難しい問題である。融資を検討するプロセスにおいて，中国農業銀行は，まず，返済能力の有無を問題にする。次に，地元の経済成長に寄与する

か否かを考え，そして，農村貧困層が確実に貧困からの脱出に繋がるかどうかを考えるのである。仮に，大きなリスクが認められたとしても社会全体の利益の観点から地元と調整して，少しでもリスクを下げる方法を模索して，安全な貸付を実行するのである」[131]，と述べている。

　政府部門としては，貸付が経済的に困難な企業に対して，また直ちに生活困窮の中から脱する必要がある家庭に対して実行されることを希望している。しかし，貸し付ける主体としての銀行は，まず最初に返済の能力を有する企業と個人を対象として考える。1998年に公布された「中国農業銀行扶貧貸付管理方法」の第八条（貸付基本的条件）によれば，「（三）生活困窮家庭は必ず独自の生産，経営能力を備えていること。（四）栽培業や養殖業や果樹類などの産品を原料としている加工企業は政府の貸付の力を借りて，開発を予定する経営項目に対して，その項目の資本金が総投資額の20％以上であること。とりわけ，中期・長期的固定資産の貸付項目は必ず国家権力機関により認可された項目を立てる承認許可文書を備え，そのうえ，借金の方は必ず関連の財産保険に加入すること。（六）借金の方は必ず銀行の監督を受け入れること。信用を守り，期日どおりに貸付の元金と利息を返すことである」[132]，と述べている。これらの厳格な信用条件のために疑いもなく多数の企業と生活困窮の農民家庭が貧困扶助貸付の対象外となった。

　農業生産は気候の影響を受けるので，危険が伴うことは不可避である。貧困地区農村の農業生産は自然へ依存する程度が一層高く，貧困地区の農民は現代農業技術に習熟していないことに加えて，農産品の生産量と品質が不安定であるため，収入増加の目的達成は困難な状況である。その理由は貧困地区農村では，農業生産性が低いことによる。そのうえ，貧困地区では農産品を原料とする加工企業にとっては，高度の生産能力を有する固定設備を所有せず，生産品は科学技術の恩恵にあずかることが小さいために，思い通りに企業利潤を増大させるには困難があった。

　他方，銀行にとっては，貧困扶助という名目があるとはいえ，利子と元金の回収は銀行の存立のための絶対条件である。しかし，貸付先の農民や手工業者の経営条件には不確定要素が多く，収益が低下しやすい。この場合には，

必然的に銀行が元金と利子を回収することが不可能となる。

現実の問題として，『報告2001』では，次のように説明される。「貧困地区を扶助するために，開発された栽培，飼育などの項目は長期間を必要とする。多くの栽培，飼育項目は（例えば，樹木の栽培，果樹の栽培，乳牛，食用牛の飼育，農産物と副産物の加工など）三～五年の年月を経て収益を獲得できる」[133]，と述べている。しかし，「中国農業銀行扶貧貸付管理方法」の第十一条（貸付展望）によって，「（一）期日通りに貸付を返せない場合に，債務者は必ず貸付が期限になる前の15日以内に口座開設銀行に延期の申請をしなければならない。更に，連帯保証人は延期に同意し，且つ保証を担保し続ける書面を提出しなければいけない。（二）すべての貸付の延期は1回だけ取り扱える。1年以下の貸付は，延期の申請を認めない。1～5年の貸付は延期すれば，延期期間は当初設定の期限の半分を超えてはならず，5年以上の貸付は，延期期間は3年を超えてはならない。債務者が延期申請をできなかった場合，もしくは申請に対する認可を得られなかった場合，その貸付は期限の翌日に，返済期限切れ不良債権口座に振り替えられてしまう」[134]，と述べている。銀行としては，貧困扶助貸付の供与を経済的利益の獲得を第一義として与信するという事情は市場経済の原則から言って理解できる。しかし，政策を立てる政府としても銀行と同一の立場に立ってしまった。「国家八七貧困扶助攻略計画」の第十四条によれば，銀行により供与された貧困扶助貸付は経済的収益力があり，返済の能力がある開発項目に対してのみ与信可能であると明言されている。第十六条によれば，「（一）農村生活困窮家庭と貧困扶助対象に供与した貸付は，現実に結びつけて，扶助対象は収益を獲得でき，そして返済もできるほどに，貸付の供与条件を適当に緩めることができ，一定限度の弾力性を有する。（二）国有商業銀行は毎年に一定量の貸付金を準備して，貧困地区で選択的に収益が高く，返済できるプロジェクトの項目を扶助しなければならない」[135]，と述べている。以上の内容から，国家政策から金融機関まで，商業化傾向がますます顕著になっていることが分析できる。本来，貧困者を救うべきなのが，現実の実態をみれば，富める人を扶助している，と言わざるをえない。

iii．貧困地区扶助開発の問題点

　第一に，1994年に公布された「国家八七貧困扶助攻略計画」では，政府が2000年までに貧困地区を扶助する重点地区は592ヵ所の貧困県に限定される。その第十三条によれば，「国家の扶助資金を供与する地区を計画立案し，調整する。1994年から，1～2年間のあいだで政府は広東省，福建省，浙江省，江蘇省，山東省，遼寧省などの比較的発達を遂げた6つの沿海部経済より資金の回収を行い，中西部の貧困な省，区への資金投入に割り当てる……今後，上述の6ヵ省の貧困問題は地方財政によって解決する。更に，短期間のうちに，貧困脱却計画を遂げる」[136]，と述べられている。

　ところが，実態はどうであろうか。政府は1986年から貧困地区への扶助と開発を系統的に推進してきた。しかし，10年間という歳月を要しても，この6省の内部における貧困問題はまだ解決をみていない。この場合，中央政府はその責任を地方政府と地方財政に移管しようとしているのである。7年間の年限を画して，この貧困問題を地方財政によって解決しようと転換したのであるが，今後の貧困対策の政策的内容は依然として不透明である。

　第二に，「貸付の地区投入問題である。貧困扶助の貸付は投入された範囲が狭すぎて，すべての貧困人口をカバーできない。目下，国家によって重点的に扶助する592ヵ所の貧困県の貧困人口は僅かに全体の貧困人口の半分であるが，中央政府によって供与された貧困扶助資金はほとんどその592ヵ所の貧困県に投入された。実は，中央政府によって供与された扶助資金は592ヵ所の貧困県の2億農民に対して平均的に使用された。1998年末に至って，592ヵ所の貧困県に分布している貧困人口は2,100万人にまで減少した。貧困扶助金が均等に利用されたがために，最も扶助を必要とする最貧困層に対しては必要額の10分の1程度しか行き渡らなかった。更に問題なのは，592県以外の2,100万人の貧困人口に対しては中央政府の貸付金が行き渡らなかったという点である。したがって，そこでの貧困対策（貸付）は省政府に依存するということになる。しかし，この省財政には資金力の限界があり，国家の重点貧困県以外の人々にとっては，この扶助貸付金は極めて少額なも

のでしかなかった」[137]，と『報告2001』は記述している。農村に対しての扶助・開発の過程に「二元構造」が出現した。その理由を推察すれば，中央政府立案の貧困扶助メカニズムが十分ではなく，また不合理性を有していたことに求められる。合理的，という場合，投入された資源に対して最大の効果と利益が生じた場合である。そのうえで，合理的貧困扶助メカニズムにあっては，貧困者の自立と自己発展の能力が高められなければならない。中国政府は，貧困者の貧困状況をよく見極めずに政策立案を行ったために，単に貧困地区での均等な資金を分配しただけに終わったのであった。このことが起爆剤となって貧困からの脱出の効果は表れなかったのではなかろうか。

　第三に，表12のデータから見て取ることができるが，1994年から，中国政府は農村に対しての扶助・開発の貸付資金を年々漸増させる傾向にある。しかし，本当に農村貧困人口は着実に減少したのであろうか。『報告2011』によれば，「2000年から2010年にかけて，絶対貧困人口の減少規模は1980～2000年の間より少なく，1980年代に，絶対貧困人口数は平均で毎年1,350万人以上減り，90年代に入って，平均で毎年529万人減り，2000年から2008年にかけて，平均で毎年221万人減少した」[138]，と述べている。国家財政部は，「開発によって貧困扶助効果の延引などの要因を考えない場合に，一人の貧困から脱するのに必要な資金は不断に増加している。平均で一人分の扶助資金は「八五時期（1991～1995年）」（八五とは第8次5カ年計画の略称である）の2,005元から2001～2002年間の15,321元まで増えた……その現象によって，1994年以降，中国農村に投入された扶助資金の使用効果は顕著な限界効果の逓減現象が現れることをはっきり示していた」[139]，と述べている。中国政府は農村貧困地区に対しての扶助・開発は最初の救済の方式から以後の開発の方式まで，都市と農村という中国における二元経済体制のもとで，どこまでも進んでゆくようにも思える。農村という枠組みが大きく設定されている中国の制度的要素の解決を抜きにしては，「三農」問題の解決は望むべくもないと思われる。

　以上の問題点に対しての分析を通じて，制度面から改革してこそ，確実に中国（農村部）の貧困問題が解決できると思う。戸籍制度の廃止に着手して，

更に二元経済体制を改革する。もし依然として今までのように単純に貧困農村地区に対して援助すれば，結局は失敗に終始するであろう。

第2節　中国農村における教育の現状

ⅰ.教育の意義
　国民の教育レベルそのものが国民の全体的文化及び国民生活における素養の基礎を形成するものといっても過言ではない。国家は，教育に対しての支出が単に本国の教育事業の発展を推し進めることだけでなく，更に人材を養成することに対しての投資である。人材に対しての投資は国家の全面的発展のための投資である。その中に潜んでいる社会的効果と利益及び経済的効果と利益は無限である。教育事業を進めることは国家にとっては，重要な役割がある。アダム・スミスによれば，政府の機能として，国防，社会の治安，教育，重大な疾病の予防を含んでいるが，教育については次のように叙述している。「庶民の教育は，文明の進んだ商業的社会では，いくらかでも地位や財産のある人々の教育より，おそらく，国が一段と配慮してやる必要があろう」[140]。「しかし，文明社会ではどこでも，庶民は，ある程度の地位や財産のある人々のようには立派な教育を受けられないけれども，それでも，教育のもっとも基本的な部分，つまり読み書き，計算は，生涯のごく早い時期に修得できるわけなのだから，最低の職業を仕込まれることになっている人たちでさえ，その大多数は，そうした職業に雇われてゆく前に，それらを身につける時間はある。国は，ごくわずかの経費で，国民のほとんど全部に，教育のこうしたもっとも基本的な部分を修得することを，助け，奨励し，さらには必須のものとして義務づけることさえできる」[141]。「かりに，国家は，国民の下層階級を教育しても，なんら利益があがるものではないとしたところで，かれらをまったくの無教育のままにしておかないようにすることは，やはり国の配慮に値しよう。ましてや，国家は，かれらの教育によって少なからぬ利益をあげるにおいてをや。つまり，かれらが教育を受ければ受

けるほど，無知な国民のあいだで，もっとも怖るべき無秩序をしばしばひき起す狂信や迷信の惑わしに引っかかることが，それだけ少なくなる。そのうえ，教育のある知的な国民は，無知で愚昧な国民よりも，つねに慎み深く秩序を重んずる」[142]，と。

　以上のように，アダム・スミスは下層階級としての庶民が教育を受ける重要性について言及している。アダム・スミスの分析によれば，国家は一層基礎的教育を重視する必要がある。そのうえ，国家は少しばかりの経費で，基礎的教育が推し進められる。しかし，中国の場合は完全に逆である。中国政府の重視している教育とは高等教育の方であり，義務教育の方には充分な資金が注がれていない。その実態について分析してみたい。

　仮に人的資源が十分でなければ，経済全体の成長にとってマイナスの影響が発生するであろう。教育は重要な人的資源の投資部面であることはいうまでもない。満足な教育を受けていないために，多くの農民は富裕になれない状態に追い込まれている。このような現況をどのようにみるべきだろうか。更に，満足な教育を受けていないために，中国農民は十分な見識を必ずしも獲得していない状況も見受けられる。自分の経済的選択に長期的視野が欠落してしまうのである。中国の農村部には様々な古い慣習が多数残存している。これらが，中国農村経済の成長を妨げている。例えば，(一) 現在でも，多くの中国農村においては，結婚と葬式 (中国語「紅白喜事」あるいは「紅白事」) においては，派手に実行しなければ，面子を失うという慣習的で，伝統的な考え方が残存している。たとえ自分たちの生活にはゆとりがないとしても，いわゆる面子のために，借金を抱えても，無理してでも実行する。(二) 中国の農村経済では，何千年の歴史の中で，各自は自分の家の利益もしくは自分個人の利益を優先させるという気風が形成されてきた。例えば，ある農民は自家生産の作物に病虫害を防止し，最大限度に生産量を保証するために，より多くの収益を追求するために，依然として国家によって禁止されている農薬を使用するような事例である。それ故に，農村経済全体や民生と関係ある政策，法規が着実に遂行しにくいのであり，農業的科学技術や情報はなかなか普及しない局面を作った。(三) 男尊女卑の悪弊が深刻である。

ⅱ．貧困農家の学費負担

「国家八七貧困扶助攻略計画（1994～2000年）」の奮闘目標においては，9年制義務教育を普及させ，積極的に青壮年の非識字者を一掃することが強調されている。2001年6月13日，国務院は「中国農村貧困扶助開発綱領と要旨（2001－2010年）」を公布した。第十五条では，「貧困地区では9年制義務教育の実現を確保しなければならない。更に学齢児童の入学率を高める」[143]，と規定されている。1986年4月12日，全国人民代表大会によって「中華人民共和国義務教育法」が公布された。第五条によれば，「およそ6歳になった児童はすべて，性別や民族や種族の区別をしなく，一様に入学し，規定年限の義務教育を受けなければならない。条件が整っていない地区の児童に対しては，7歳児までは遅らせても問題はない」[144]，と規定している。2006年，修正版の「中華人民共和国義務教育法」が公布された。第四条によれば，「およそ中華人民共和国の国籍を持っている適齢児童，適齢少年[145]は……法によって平等に義務教育を受ける権利を持っている。且つ，義務教育を受ける義務を履行しなければならない」[146]，と規定している。

しかしながら実態についてみると，2000年に至るまで，「国家八七貧困扶助攻略計画（1994～2000年）」の奮闘目標は実現されていない。592カ貧困扶助重点県に対する統計データによれば，貧困地区では9年制義務教育の普及率は高くないと言える（表13参照）。その後の十年間に，貧困地区の9年制義務教育の普及状況は改善されてきるが，中途退学者の比率は顕著に下がった（表14参照）。

表13　2000年まで592カ貧困扶助重点県の9年制義務教育状況

年次	1997年	1998年	1999年	2000年
適齢児童，少年の途中退学率（％）	7.43	7.82	7.85	6.78

出典資料：『2001年中国農村貧困監測報告』のP.123のデータにより作成。

表14 貧困扶助重点県の各年齢層児童，少年の在校率　　（%）

年次	7－15歳	その内	
		7－12歳	13－15歳
2002年	91.0	94.9	85.4
2003年	92.2	95.2	88.4
2004年	93.5	95.8	90.7
2005年	94.6	96.9	91.7
2006年	95.3	97.0	92.9
2007年	96.4	97.7	94.4
2008年	97.0	97.9	95.7
2009年	97.4	98.2	96.2
2010年	97.7	98.3	96.8

出典資料：『中国農村貧困監測報告2011』P.32。

　貧困の度合が大きい農村地区において，9年制義務教育の普及が困難である理由は何であろうか。その主な原因は，表15から読み取れるように，教育費用[147]の問題である。子女教育への支出は農家の重い負担になっている。学費の支払いは学期が始まる最初に，先に納入し，且つ貨幣の形式で費用の全額を払わなければならないのである。しかし，貧困地区では，大多数の家庭の貯蓄は一回で費用を全部払い込む水準に達していない。限りがある収入の中で，現金収入部分は不足し，実物の形式による収入形式が残存しているのである。このような所得構成はかなりの農家にとって貯蓄能力を減衰させる要因ともなっている。貨幣的貯蓄が極めて少ないのが現情なのである。『報告2001』の第四部分の中では，次の記録がある。すなわち，簡単に要約すれば，1995～2000年，中国政府は世界銀行の貧困問題解決のための貸付金の一部を利用し，広西，貴州，雲南三省域内の35の極度の貧困県における大規模な総合的扶助した。対象は1,798カ村であり，約605万の農家である。2000年末時点で，これらの農家の一人当たり銀行預金と現金は合計で352元であり，一人当たり貯蔵穀物は277キロである。筆者は（1994－1997年）三年間の中学校時期に，合計で学校に2,900余元の費用を払った。平均で約1,000元／年であった。しかし，貧困地区では払う費用が相対的に安くても，負担は重すぎるのである。

　2000年以降，貧困扶助事業の推進により，貧困農村地区では9年制義務教

第4章　中国農村の貧困と教育の現状

表15　重点的に扶助する592カ貧困県の学生は途中退学の原因統計

途中退学の原因構成	1997年	1998年	1999年	2000年
費用の高さ（％）	7.28	7.11	6.72	5.68
教師無し（％）	0.55	1.71	0.91	1.44
校舎無し（％）	0.94	0.50	0.58	0.55
学校まで遠すぎる（％）	4.89	5.14	5.81	4.21
学習意欲無し（％）	22.18	21.48	21.20	20.66
お金無し（％）	42.56	46.06	46.33	47.09
季節的欠席（％）	2.32	1.81	1.20	0.89
その他（％）	19.27	16.18	17.24	19.49
学習し続けたい比率（％）	70.45	71.45	72.65	72.81

出典資料：『2001年中国農村貧困監測報告』P.123。

表16　2002－2010年貧困扶助重点県農村部の学生は義務教育段階に毎年負担の教育費

年次	小学生が毎年負担の教育費用（元）	内：雑費と教科書代（元）	教育費用が家庭消費支出に占める比率（％）	中学生が毎年負担する教育費用（元）	内：雑費と教科書代（元）	教育費用が家庭消費支出に占める比率（％）
2002年	312.9	213.4	9.2	861.3	490.7	25.4
2005年	307.6	173.8	6.7	849.9	393.1	18.5
2007年	271.0	106.3	4.7	828.9	269.1	14.3
2008年	261.7	74.9	4.0	806.7	201.0	12.2
2009年	286.1	77.1	4.0	876.6	212.7	12.3
2010年	346.1	95.9	4.3	1017.4	244.7	12.7

出典資料：『2011中国農村貧困監測報告』P.33。

育の普及率が改善された。「2002年から2010年にかけて，農家の経済的困難による学習の機会喪失の子供の比率は48.6％から15.6％まで下がった。教育資源の欠乏による（例：校舎不足，教師なし，家の付近では学校なしなど）学習の機会喪失の子供の比率は3.5％から1.9まで下がった。学習したくないという自発的な原因で学習の機会を失う子供の比率は26.1％から34.7％まで上がった。それ以外に，生活環境原因と農家自身の原因で学習の機会を失う子供の比率は21.8％から47.8％まで上がった」[148]，と『報告2011』は公表している。

　一般的な都市部の家庭では，両親の収入によって子供の9年制義務教育の費用負担部分は支払可能な状態である。しかし，年間一人当たり所得が都市住民の三分の一程度の農民，特に貧困農村地区の農民にとっては，教育費用への支出は貧困を加速させる原因の一つになっていた（表16参照）。

騰貴した教育費用と農村部貧困家庭の収入の増加の速度と比較してみると比例していないことが判明する。多くの農民が都市部住民のように教育を受ける権利を行使できない状態が発生すると推測することが可能である。多くの農家子女は貧困のために，教育を受けるはずの機会を失った。
　9年制義務教育の費用は増える一方であって，国家の教育部門の責任は回避できないと思われる。
　まず，教育方面に関する立法には盲点がある。国家教育委員会は，1992年3月14日に「中華人民共和国義務教育法実施細則」[149] を公布した。第十七条の規定によれば，義務教育を実施する学校は「雑費」の徴収が許可された。その規定のために，9年制義務教育は本来無料でなければならないと考えられるのであるが，立法は余地があるので，様々な費用が法律によって保護される状況のもとにおいては，物価の上昇にともない，学校の徴収金額は増加の一途をたどり，種類も増えている。学校はいつも様々な理由で学習に無関係の費用も徴収しようとする。保護者達（両親）は払いたくない。しかし，子供のために黙って我慢しなければならない。もし払わなければ，犯罪のように扱われてしまう。農村における児童と生徒の保護者はこのような苦悩を味わってきた。農民たちは自身の権利を守る意識が薄いために，学校の恣意的に費用を取り立てる行為は間接に助長された。小学校，中学校には授業料（免除），教科書代以外に，どんな費用が「雑費」に属しているのだろうか。この疑問については「中華人民共和国義務教育法実施細則」及び他の法律は明文化されていない。故に，「雑費」は学校が恣意的に費用を取り立てる主な名目になった。「中華人民共和国義務教育法実施細則」の第十七条の規定によれば，「雑費の徴収金額と具体案については，省の教育，物価，財政部門によってプランを立てており，省人民政府に報告し，承認を求める」[150] と規定されている。しかし，法律では雑費の用途や徴収金の上限は規定されていないために，物価管理部門はそれを監督・処理不能である。多くの学校は，都市部でも，農村部でも，運営困難となるような将来の不確定性に備える傾向がある。且つ地元政府の財政部門から教育経費が獲得できない時も発生するであろう。それを見越して，工夫して雑費の徴収により解決している。他

方，多くの学校はみだりに費用を取り立てる行為が保護者によって密告された時に，上級教育行政機関から責任を追及されないように，「自発的寄付金」の名義で「強制的徴収」を覆い隠している。

南・牧野・羅の研究によれば，「中国教育の発展にもかかわらず，解決されるべき課題も少なくない。最大の問題は家庭における教育負担の増大である。……また，義務教育段階では授業料は徴収されないが，雑費という名目で家計はかなりの金額を支払わざるを得ず，貧しい家計にとってそれが大きな負担となっている」[151]。

筆者は小学校時代，中学校時代に数回にわたってそのような体験に遭遇した。例えば，筆者は中学校一年生のとき，学校の複写機が壊れたために，学校は生徒全員に自由意志で寄付金を集める呼び掛けを行った。クラス担任がその知らせを言い終わると，一人の男子生徒は小さな声で「強要」（中国語「勒索」）と言ったが，担任に聞かれた。その男子学生は直ちに担任に叱られ，罵倒された。生徒としては，寄付しないことはとても勇気の必要なことであった。翌日，筆者の寄付金額は最低の一元であった（何人かの学生は一元を寄付した）。担任に金額の少なさを指摘された。他方，都市部の学校の場合では，保護者には負担能力が備わっているので，不満のみが残る。しかし，地方政府は農村部の学校が恣意的に費用を取り立てる問題について，単に教育費用の問題であると諒解しているとすれば，それは大きな誤謬である。農民から人民元が取り立てられれば，次年度の農業投資の資金が枯渇してしまうのである。翌年は縮小再生産にならざるをえない。

次に，中国における「二元」経済構造が農村部の教育資源の欠乏を招く根源的な要因となっている点について論じてみたい。都市・農村分離の二元構造に中央集権型の計画経済が実践されることによって，都市優先の価値観が形成された。人々の意識の中の都市優先思想は現在でも不変である。中央政府及び省，市政府の政策は都市の利益を優先的に想定していると思われる。教育は公共事業だとしても，それは長期的にみれば，「都市部優先」の公共政策となっているのである。

ⅲ．農村部における義務教育体制の問題点

　1985年以前においては，中国の教育経費は基本的に中央財政支出によって負担されていた。その後，中央政府は基礎教育（9年制義務教育）体制に対して大きな改革を行い，次第に主に中央政府によって引き受ける管理責任と財政責任を地方政府に移してきた。義務教育は，地方によって負担されることとなり，行政機構の等級毎に管理方式を確立してゆく。小学校と中学校（9年制義務教育）の日常支出の問題について，中央政府によって公布された文書や法律には，説明がない。そこで，筆者は電話で大連市旅順口区教育局の局長（馬氏は，筆者の高校時代，旅順第二高級中学の数学教師であり，且つ中層幹部を兼任していた。その後，校長に昇進し，更に教育局長に昇進した）に連絡した。以下の内容は馬氏からの聞き取り調査の要約である。都市部に位置する中学校の教育費は，市財政と区財政（二つの等級）によって支出しているが，小学校の教育費は区財政によって支出している。農村部に位置する中学校の教育費は，一般的に区（或いは県）財政と鎮（或いは郷）財政（二つの等級）によって支出しているが，小学校の教育費は，一般的に区（或いは県）財政と鎮（或いは郷）財政と村財政という三つの等級によって支出している。土地によって支出状況は少し違っている。とにかく，中学校でも，小学校でも，いくつかの等級の財政によって教育費を提供しても，地元の経済発展レベルの影響と制約を受けている，というのが馬氏の説明であった。そうすると，地方政府は教育資金の投入の責任を多く引き受ける必要が発生する。このように，中国においては基礎教育の発展と教育資金の供給は地方政府の財政能力に直接依存していることとなる。結局，全国的に見ると，国民の義務教育が公平性を失ってしまったわけである。

　1985年5月27日，中央政府によって公布された「中共中央，教育体制改革についての決定」では，次のように指摘されている。「基礎教育は地方政府によって引き受けられ，等級別に管理の原則が施行されることは，我が国教育事業の発展と我が国教育体制改革の基礎的一環である。／基礎教育の管理権は地方政府に帰属する。重要な方針と計画が中央政府によって決定される以外，具体的な政策，制度，計画の制定と実施，且つ学校に対しての指導，

管理，検査の責任と権利は地方政府に任せる。省，市，県，郷の等級別に管理の責務はどのように区別するのかについては，省，自治区，直轄市の政府によって決定する」[152]，と規定されている。その政策を起点として，中国における9年制義務教育は，地方による負担，等級別の管理を特徴として，その管理体制が全国的に次第に作り上げられた。

1986年7月1日から施行された「中華人民共和国義務教育法」の第八条の規定によれば，「義務教育事業は国務院の指導の下に，『地方によって負担，等級別に管理』を施行するものである」[153]，と規定されている。

1992年3月14日に公布された「中華人民共和国義務教育法実施細則」の第三十条の規定によれば，「義務教育の学校は新築，改築，増築をする必要な資金について，城鎮部では，地元人民政府によって負担し，学校のプロジェクトを『基礎建設計画』に組み入れ，あるいは別のルートで工面する。農村部では，資金は郷，村政府によって工面されて，県級人民政府は困難に直面している郷，村に対して，状況を配慮して補助を加える」[154]，と規定されている。こうして，都市部の義務教育は政府財政支出を主とし，農村部でも同様であるが，農村部では村民委員会が教育税という名目で徴収している。県級財政は補助を与えるだけである。このような農村義務教育の財政支出様式によって，県級政府の財政能力は農村教育の支出に対して，保証がもらえるかどうかの最終的な依存先となっている。中国の貧困地区においては，県級政府の財政能力は極めて限りがあるが，一旦自然災害などが生じたら，中央政府に救済を申請しなければならない。農民の生存問題は優先的に解決される。財政難の政府にとっては教育支出が遅滞する。故に，農村部に，特に貧困地区に位置する農村における教育にとっては長期的な経費不足の局面から抜けきれない。

1993年2月13日，国務院によって公布された「中国教育改革と発展綱領・要旨」の第十六条が再び強調する。「現段階では，基礎教育は地方政府による負担を主とする」[155]，と規定されている。

郷，村政府によって負担されている農村義務教育の体制は1985年に作り上げられた。この同じ時期には，中国農村の生産力は顕著に上昇しているが，

農民の収入が増加したために，中央政府はこの機に乗じて，農村地域の義務教育への支出を農民に転嫁した。農民達の収入は増えたが，直ちに支出が増えた。しかし，1994 年から，中国の税収は「分税制」[156] を施行した後，中央財政と地方財政の情況が変わった。末端の財政は，特に農村部の財政が行き詰って，教育支出体制はそれに応ずる措置を行えない。

2001 年に至って，中央政府は「国務院，基礎教育改革と発展についての決定」を公布した。第七条の規定によれば，「一層農村部の義務教育管理体制を完全なものにしていかなければならない。国務院の指導の下に，地方政府によって負担し，等級別に管理し，県を主とする体制を施行する……県級人民政府は地元の農村義務教育に対して主な責任を引き受ける……郷（鎮）人民政府は相応な農村義務教育の施設任務を引き受け，国家の規定によって教育経費を工面し，学校の運営条件を改善し，教師の待遇を高める……」[157]，と規定されている。この政策と上述した政策とは本質的な差がないのである。農村部の 9 年制義務教育経費は依然として農村財政によって賄われており，県政府は単に監督・管理をすることとなっている。河南省の農村社会経済調査隊の調査によれば，「1985 年～1999 年，我が国農村部における 9 年制義務教育では施行されていた等級別に運営，等級別に管理の政策とは，単に農民の負担を強めることだけではない。そこでは，教師への給与支払の遅滞現象は頻出している。学校運営経費の不足は言うまでもない。2000 年から中央政府は施行した等級別に管理，県を主とする農村教育体制改革の目的が，農民の負担を軽減し，教師の賃金を確保することであるのは勿論である。しかし，県級政府は財政難のために，教育に対しての投資は空文化した」[158]，と述べられている。劉純陽の論文では，「県級政府は財政難のために，上級政府から教育経費の財政援助が獲得できない場合，貧困地区の政府は採る措置が二つある。一つは，教育の質を下げる。それは学校のソフトウェアとハードウェアへの投資を減少させるが，もしくは全く投資しない。……もう一つは，政府は行政権力を濫用し，財政支出を下級の政府に転嫁し，或いは，ある人々に転嫁している。例えば，教師の賃金の支払遅滞，学校側に学生からの徴収金を増額させる。農民に対して世帯毎に分担させることなどである。

かくして，貧困地区農村では教育が停滞し，重負担が農民の肩にのしかかる」[159]，と紹介されている。

　繰り返すが，農村部の教育経費は不足しているために，農村部では学校教育の質が低下してしまう。農村戸籍を持っている子供（生徒）は小学校，中学校時代に十分な教育を得られないために，入試における成績は都市部で暮らしている生徒の成績に及ばないのである。中国では大学入試は全国一斉の同一試験であり，且つ同一の時期（毎年6月7，8，9日）に行われている。高校入試は，市を単位として，市教育局によって実施され，地元の中学校の各学科の優秀な教師を集め，出題をしている。全市（都市部と農村部）のすべての中学校卒業生は同一の時間に入試を行っている。そのうえ，毎年，高校と大学は人数割当制に基づいて，成績によって優秀者を選んで合格させている。そこで，高校の入試が終わった後，農村部の中学校卒業生の中で成績が優秀で，且つ学費を払える少数の者は，高校に入る機会を獲得できる。高校に不合格の学生は中等専門技術学校に入る。このような学校を三つの種類に分けている。すなわち，中等専門学校（中国語の略称「中专」），技能労働者学校（中国語の略称「技校」），職業高級中学（中国語の略称「职业高中」，あるいは「职高」）である。学期は一般的に3年（少数の「中专」の専門が4年制）である。日本の専門学校に類似している。その中に「中专」と「职高」の課程は理論的学習が相対的に多く，「技校」の課程は操作が多いが，主に技能労働者を養成している。他方，筆者は大連市旅順口区教育局の局長（馬氏）から情報を得た。馬氏の話によれば，「中专」と「职高」とは教育局に帰属しているが，「技校」とは労働局に帰属している。中国においては，高校に合格できなかった者は，大学入試の機会を失う[160]。

　大連市旅順口区における，1995年高校入試の結果は，農村部，北海鎮の中学校の卒業生の中で，一人も重点高校に合格できなかった。中国における高校は重点高校と普通高校に区別されている。1980年10月14日，「教育部，時期を分け，組を分け，重点中学を真剣に取り組むことに関する決定」[161]が公布された。中国語で「中学」という意味は，一般的に中学校（中国語「初級中学」）と高校（中国語「高級中学」）を含んでいる。しかし，「重点中学」という

109

場合に,指す意味は高校である。教育部はその決定をする理由については,次のように説明していた。すなわち,「我が国は人口数が多く,経済的土台が弱い。更には,各地の発展が不均質であり,素質を持つ教師や教育費や教育設備は限りがある。故に,平均的にこれらの教育資源を配分し,中学を等質化しつつ教育水準を向上させるわけにはゆかない。……故に,まずパワーを集中して,条件が相対的に優良な重点中学を作り上げなければならない」[162],と述べられている。簡単に言えば,中国政府が推し進めるのがエリート教育であって,少数のずばぬけた人材を養成しているが,みんなに平等に教育を受けさせることではないと明言したいのである。その決定は次のようにも明示される。すなわち,「今後,中学の教育費増加分に対しては,統一的な計画の枠の中で,重点中学の需要を確保する」[163],と規定されている。「普通中学と重点中学の関係を正しく扱わなければならない。重点中学に対しては極力確保し,普通中学に対しては残余部分の教育資源を充当する」[164],と規定されている。その決定は改革・開放の初期になされている。しかし,今でも,依然として厳しく執行している。こうして,重点高校と普通高校の差異が形成された。馬氏によれば,主に以下の二点に現れている。(一),重点高校は各方面条件の改善や教師の待遇など,市教育局(市財政),あるいは省教育庁(省財政)によって支えている。故に,重点高校の教育施設(閲覧室や理科の実験室を含む)と教師の水準は普通高校より優位である。(二),高校の合格者は成績によって選んでいるために,重点高校の生徒の成績は全般的に普通高校の生徒の成績より優位である。そこで,重点高校の学習雰囲気は普通高校より良いのであり,生徒は有名な大学に合格する可能性が高くなる傾向にある。

　1997年夏,筆者は旅順口区において高校入試を体験した。その年の中学校卒業生は都市部と農村部合わせて約3,000人であった。そのとき,旅順口区には二つの高校があり,ともに都市部に位置している(農村部では小学校と中学校だけがある)。一つは「旅順中学」(重点高校)であり,一つは「旅順第二高級中学」(普通高校)である。この二つの高校は,300人の募集定員を有している。3,000名ぐらいの中学校卒業生は試験を受けて,成績で上位の

300名は重点高校に入り，301〜600名は普通高校に入っていた。ところが，1995〜2000年にかけて，その二つの高校は毎年に募集学生数（300名）以外に，教育局の許可に基づいて，定員外の学生を募集した。すなわち，その年の「旅順中学」の合格点数まで僅かな点数が足りなくて，原則的に「旅順第二高級中学」に入るべき学生に対して，「旅順中学」に入学したい場合，ある程度の金額（1997年時は8,000元）を支払ったら，入学できるという制度となっていた。「旅順第二高級中学」の合格点数まで僅かな点数が足りず，原則的に高校に入れない学生に対して，同様に，ある程度のお金（1997年で5,000元）を支払ったら，「旅順第二高級中学」に入学できた。しかし，成績が合格点数まで大きな差があれば，いくらお金があっても不可能である。筆者はその年に普通高校に入ったが，約330名の学生は6つのクラスを分けられて，1〜5クラスは平均で毎クラスは60名であり，また一つは美術専攻のクラスがあり，30名ぐらい，将来，美術系の大学に入る。高校1年のとき，筆者は所属したクラスは60名の学生がいるが（その後，途中退学者がいる），都市戸籍の学生は43人であり，農村戸籍の学生は17人であった。他のクラス及び重点学校の場合でもその比率はほぼ一定である。すなわち，大連市旅順口区の農村部における9年制義務教育によって養成され，高校に合格できた中学生は合格者全体の約三分の一を占めている。2000年，筆者が高校を卒業するとき，旅順口区では，また一つの高校が新設され，「旅順第三高級中学」と命名されたが，依然として都市部に位置している。2000年以降，高校は定員外の学生を募集しないようになった。現在，旅順口区では，三つの高校があり，毎年，900名の定員を募集している。

　大連市は，中国東北三省地域の中で経済力が最も発達している都市であり，同市内の農村部の9年制義務教育は相対的に言えば，教育支出は潤沢であった。大連市旅順口区の農村部では，多くの（郷鎮）企業がある。故に，鎮政府の税収によって小学校，中学校の教育費が支出されている。しかし，中国における地方政府は教育資金への歳出がその地区の経済力に正比例しているので，大連市の農村地区では教育状況は相対的に高い水準にある。その他の東北三省の地区の農村及び内陸地区の農村における児童，少年たちは高校及

び大学入学率は一層低いものとなってゆく。

ⅳ.教育費の地区間差別について

「改革・開放」以降，中国における東部，中部，西部地区の経済成長格差は急激に拡大した。地区間の経済成長格差は，教育費の歳出に格差を発生させた。各地方政府の指導者の教育事業に対する関心にはバラツキが見られるので，この要因も各地区間の教育歳出の格差の原因になっている（表17参照）。中国政府の「行政分権制」と「分税制」を特徴とする管理体制の下に，中央政府はいくつかの資金を総合的に運用して支出してはいるものの，結果としても，地方政府が義務教育費全額負担に近い状況である。中央政府歳出はほぼ全額高等教育に対するものである。故に，地方政府の財力が地元の義務教育レベルを決定している。

表17のデータから解読できる内容は，北京市，上海市及び東南沿海部の各省は（例えば，江蘇省や浙江省や広東省），教育費の総額が高いだけではなく，教育費の大部分は，地方政府（北京を除く）によって歳出されている。中央政府の歳出額は小さい。中部に位置する湖南省や河南省などの地方政府では，教育に対する歳出は高い比率となっている。しかし，支出の総額でみると，経済発展地域の東南沿海地区と比較して，一定の格差がある。西部地区では，教育への歳出の総額が低いばかりでなく，地方政府の教育に対する支出も多くない。更に，目立った問題が存在する。すなわち，内モンゴル自治区，江西省，新疆ウイグル自治区，広西壮族自治区，海南省，貴州省，雲南省，チベット自治区及び青海省の西部の開発途上地区に対しては，2005年のデータであるが，中央財政の教育支出はゼロであった。地方政府が教育支出全額を負担している。このデータを一人当たりの金額に換算してみると，北京が一番多く，また上海市・江蘇省・浙江省・広東省は中・西部の各省（チベット自治区除く）を上回っているという事実が見られる。

このような教育への歳出の地域の差異性は，中国における東，中，西部経済成長の格差を反映している。地区経済の不景気のために，地方政府の教育に対する歳出は不足気味となった。教育事業を進める必要な資金を提供でき

第4章 中国農村の貧困と教育の現状

表17 2005年の中央財政と地方財政の教育支出統計

地区名	人口数(万人)	中央財政の教育支出(千元)	地方財政の教育支出(千元)	総計(千元)	一人当たり教育財政支出(千元)
北京市	1538	24,532,562	24,662,784	49,195,346	3.20
天津市	1043	2,265,223	10,903,636	13,168,859	1.26
河北省	6851	530,837	30,614,234	31,145,071	0.45
山西省	3355	232,212	16,874,130	16,897,342	0.50
内モンゴル自治区	2386	0	12,025,349	12,025,349	0.50
遼寧省	4221	2,520,351	26,660,330	29,180,681	0.69
吉林省	2716	2,213,685	13,655,137	15,868,822	0.58
黒竜江省	3820	3,705,258	17,286,169	20,991,427	0.55
上海市	1778	9,719,829	28,051,643	37,771,472	2.12
江蘇省	7475	7,776,379	54,777,846	62,554,225	0.84
浙江省	4898	2,354,048	47,163,153	49,517,201	1.01
安徽省	6120	1,742,569	22,231,544	23,974,113	0.39
福建省	3535	1,380,993	20,836,685	22,217,678	0.63
江西省	4311	0	16,676,592	16,676,592	0.39
山東省	9248	2,839,571	43,384,316	46,223,887	0.50
新疆ウイグル自治区	2010	0	12,454,228	12,454,228	0.62
河南省	9380	81,987	32,920,227	33,002,214	0.35
湖北省	5710	6,770,659	24,530,432	31,301,091	0.55
湖南省	6326	1,855,367	26,845,136	28,700,503	0.45
広東省	9194	4,094,538	68,401,790	72,496,328	0.79
広西壮族自治区	4660	0	17,253,424	17,253,424	0.37
海南省	828	0	4,186,444	4,186,444	0.51
重慶市	2798	1,743,601	14,065,555	15,809,156	0.57
四川省	8212	3,729,233	29,066,484	32,795,717	0.40
貴州省	3730	0	12,306,260	12,306,260	0.33
雲南省	4450	0	18,731,732	18,731,732	0.42
チベット自治区	277	0	3,037,985	3,037,985	1.10
陝西省	3720	4,995,789	15,450,457	15,450,457	0.42
甘粛省	2594	836,479	10,286,216	10,286,216	0.40
青海省	543	0	2,718,277	2,718,277	0.50
寧夏回族自治区	596	122,585	3,350,704	3,350,704	0.56

出典資料：『2006年中国教育経費統計年鑑』P.192，P.194，P.196のデータと『中国統計年鑑2006』[165]のデータにより作成。

ない。そのために，優秀な教師が残らず，教育レベルに低下をもたらした。

　中央人民政府は，地方政府幹部の業績評価の基準は，年度毎の経済成長率である。故に，地方政府の幹部は地元の経済成長を推進しなければならないのである。統計の締切日が近づくと，上級指導者への成果と経済成長率の報告において，しばしば短期で効果が上がるものへと重点を移動させる。どのような方面の建設項目が効果は早く表れるか，高い利潤率をもたらすか，などを勘案して，その部面への集中投資を行う。故に，地方政府の投資の方針では，長期的観点が軽視されるようになった。ところが，国家の教育や人材育成とは長期の観点での投資である。教育の経済の成長や科学技術の進歩に対する効果にはタイムラグが存在するので，昇進には役立たない。そこで，地方幹部は教育支出に対して熱心ではなくなる。中国の現行体制の下で，仮に中央政府の教育推進を地方幹部の昇進基準とすれば，必然的に教育部門が重視される。そこで始めて，貧困地区農村において児童，少年は平等に教育を受ける権利を持てるようになる。

終　章

　序章では，戸籍制度に端を発すると想定される農民工の諸問題と農村の貧困の根源を解明することが本論文の研究課題であることを明示した。そもそも中華人民共和国における最初の戸籍制度は，社会の治安を維持し，人民の安全，居住，自由の移動を守るために作り上げられた社会管理制度である。しかし，1950年代後半において，中国政府は厳しい戸籍制度を制定した。その主な内容は，中華人民共和国の公民を二種類に区別し，「都市戸籍」人口と「農村戸籍」人口とに分類した。ところが，1980年代になると，「改革・開放」政策の実施に派生して，「農民工」と呼ばれる社会的階層が出現してくる。特に，1992年以降，農民工の規模は拡大を続けて，2017年末には2億8,652万人にまで達した。その数は，中国総人口の約20％を占めている。農民工は出現してから現在まで，「改革・開放」を起点とするならば，40年間程度しか経過していないが，現在でも農民工の人口は増加を続けている。それは何故なのか。都市と農村に分離する「二元戸籍制度」はある程度は，臨機応変に現実に即して「暫住戸籍」などとして執行されている。更に「改革・開放」政策の実施により，都市部の工業，その他のサービス部門において圧倒的な労働力不足が発生し，農村から若年労働力が農民工として不断に供給され続けてきた。これを農民工発生の外因と呼ぼう。中国政府はこれらの外因を「国を治め，民を安楽」にするプロセスであると説明し，ニュースや新聞や報道で大きく取り上げてきた。しかし，本質としての内因は何かという問題の解明を中国政府は慎重にも回避してきたのであり，取り上げるとしても，表層的な指摘に終始している。その内因とは，中国政府は，根本的に農村の貧困問題を解決してこなかったことである。この30から40年間に内因と外因が相互に影響しあって，都市部の農民工人口が持続的に増え，世界で

も例をみない特別な人口集団をもたらした。その一切の根源が「戸籍制度」である。

第1章では，戸籍制度の変遷と「農民工」の発生の関係を論じて，また「農民工」の概念とその歴史的な変遷について論じて，更に都市部で就労する農民工に対しての調査事例を紹介した。

中国戸籍制度の変遷と中国経済発展の歩みとは緊密な関係がある。大躍進政策開始で，農村から都市への流出が急増したのを受け，1958年1月9日，毛沢東は「中華人民共和国戸籍登録条例」を制定し，戸籍制度が厳しく執行されていた。その後，鄧小平が「改革・開放」政策を施行し，ある程度は，臨機応変に「暫住戸籍」などとして執行されてきた。筆者の観点は，農民工の発生原因を農村の貧困問題に求めるというものである。

「農民工」とは戸籍が依然として農村戸籍であり，地元で非農業に従事し，あるいは外出（戸籍地を離れること）し，期間が6カ月を超えて，連続して就業する労働者のことであると定義されている。1978年に，農業改革が施行され，「農家生産請負制」が導入された。中国における社会主義計画経済体制で農村の象徴的な存在であった「人民公社」は1984年をピークとして解体されることになる。その生産方式の変化は農村生活に劇的変化をもたらした。「農民工」は「第一世代農民工」と「第二世代農民工」に分けられる。「第一世代農民工」とは1979年以前に生まれた農民工のことであり，「第二世代農民工」とは1980年以降に生まれた農民工である。本章では「第二世代農民工」と「第一世代農民工」の相違点を分析した。

第2章では，二面から中国農民に及ぼすであろう政策由来の負の側面を論じた。

まずは，中国農村における農地請負政策の不合理によってもたらされた「無地農民」及び農地未分配問題と農地取り上げ問題を論じた。且つ，農地問題を巡って，筆者は現地調査を実施し，その内容も紹介した。

「無地農民」の大量発生の問題を通じて分析した結果，「農家生産請負制」と「中華人民共和国農村田畑請負法」（関連の政策を含む）は経済発展とは整合性のとれないものとなったということである。更に農村部における政府主

導の不動産乱開発によって，田畑は収用され，無地農民になったケースも存在している。そこで，田畑が収用された農民を調査した結果，新しい事実が判明した。それは世代間の心理的な差異である。60歳以上の農民は，もし田畑が収用され，適当な補償金が獲得できさえすれば，彼らは収用を希望すると答えている。それに対して，40歳以下の若い農民の考えは，補償金が得られたとしても，収用には反対であった。なぜならば，青壮年農民層は自分の田畑を不確定な未来に対する唯一の安定的な保障と考えていたのである。

中国における「無地農民」はますます増加するであろう。そうなれば，彼らは貧困の苦境に陥ることが予想される。将来，量的変化が質的変化を導くと考えるとすれば，必ず社会衝突を引き起こすと想定される。

次に，「人民公社」時期を経験した農民へのインタビュー調査をまとめた。特に，遼寧省大連市食糧局の公務員に対してインタビューが可能となった。彼は「食糧局」に約30年在職した人物であり，中国食糧市場の特徴について詳細な事実を述べた。つまり，中国では目下のところの食糧マーケットは依然として政府によって独占的に管理されているマーケットである。この市場における流通主体としての唯一のプレイヤーは国家であると言ってよい。食糧については，農村の田畑から消費者の購入までの過程が，市場の法則によって流通してはいない。政府の行政管理の元で流通されているのである。このように，市場原理が歪曲されて機能しており，農民の低収入の一因となっている。

第3章では，中国における1980年代中期から90年代中期にかけて急速な発展を遂げた郷鎮企業の実態を検証した。更に，筆者は遼寧省大連市の中の農村部において郷鎮企業を設立した経験者へのインタビューに成功し，郷鎮企業の発展が制約されるに到った諸要因を解明した。1980年代から，顕著な成長を続けてきた郷鎮企業であるが，筆者の聞き取り調査によれば，中国の東北地方の農村部に位置する郷鎮企業が吸収できた地元農村労働力は多くはないとのことであった。このことから，大部分の農村青壮年は，都市部で農民工として就労しているのではないかと思われる。勿論中国の南部地方では全く異なる様相であり，農村労働力を地元のみならず他地方からも吸収し

ている。北部と南部の差異は注目すべきであり，従来の研究に対する批判的問題提起となりえよう。

　第4章では，中国農村の貧困と教育の現状を論じた。

　国家統計局の貧困調査統計データによって，中国農村における貧困の実態を分析した。更に，中国政府が貧困地区に対して実施した開発援助政策を巡り，この政策の問題点を指摘した。研究の手法としては，できる限り多くの農村での農業従事者に対するインタビュー調査を実施することであり，本論文においてそれらを整理し紹介した。その結果，何故農村の青壮年層が農業に従事することを忌避し，都市に移動したのかという理由を明らかにした。

　また，筆者は農村部の義務教育体制問題を取り上げた。更に，中国における教育経費の地域間格差を論じた。中国の農村はなぜ貧困か。その原因の一つは，人的資本の形成の諸問題に由来するものと思われる。貧困地区の農村では，貧困であるがゆえに，教育投資が十分ではなく，これが貧困からの脱却を困難にしている。

　以上の検討をふまえて，以下のような認識に到達することができた。

　大躍進政策（1958～1960年）の経済は大失敗であったと今では明確になりつつある。当初様々な施策の試みが実施されたが，それにもかかわらず，戸籍制度の根幹はそのまま残存した。それ故に，すべてが中途半端な改革になってしまっている。一種の社会主義的な管理政策とその経済的実践としての戸籍制度は中国社会に固定化してしまった。結果として，都市の工業化は農民工に依存せざるをえず，また農業の現代化を担う人材は都市に奪われることともなった。

　戸籍制度によってもたらされた偏見は社会的な不公平の要因ともなりうる。この制度を廃止してこそ，人民は自由に移動できる権利を獲得する。そうなれば，人民の経済活動に対する情熱は激発して，社会の活気が取り戻せ，公平な社会秩序が作れる。中国の戸籍に対する政策は，現況においては，中国の社会発展の観点から見れば，正しい認識を欠くものとなっている。

　戸籍制度と雇用，教育，労働保障，医療などの社会制度や社会保障制度とは，密接な関係がある。農村戸籍のままで，都市で生活し，労働している農

民工は，この社会の福祉制度的な側面から排除されたままである。なおかつ，それ故に，都市部の人々は農民工を軽蔑し，差別的に見てしまっているという厳然たる事実もある。2億8千万人の農民工の大部分は，このような大都市で，低賃金で労働し，生活しているのである。彼らの経済的な貢献は計り知れないほど大きい。現在，中国政府はこの問題の解決に取り組みはじめてはいるものの，強制排除の傾向が伝えられつつあるが，この問題にも実態はどうか，最適な政策選択なのかどうか，慎重に研究を重ねる必要があると思われる。

巻末注

序章

1) 中国国家統計局（2018年4月27日）「2017年農民工監測調査報告」。
http://www.stats.gov.cn/tjsj/zxfb/201804/t20180427_1596389.html
2) 塚本隆敏（2010年3月20日）『中国の農民工問題』創成社　はじめに　P.7。
3) 塚本隆敏（2010年3月20日）『中国の農民工問題』創成社　はじめに　P.7。
4) 塚本隆敏（2010年3月20日）『中国の農民工問題』創成社　はじめに　P.8。
5) 塚本隆敏（2010年3月20日）『中国の農民工問題』創成社　P.11。
6) 塚本隆敏（2010年3月20日）『中国の農民工問題』創成社　P.20。
7) 塚本隆敏（2010年3月20日）『中国の農民工問題』創成社　P.24。
8) 塚本隆敏（2010年3月20日）『中国の農民工問題』創成社　P.25。
9) 塚本隆敏（2010年3月20日）『中国の農民工問題』創成社　P.26。
10) 塚本隆敏（2010年3月20日）『中国の農民工問題』創成社　P.52。
11) 塚本隆敏（2010年3月20日）『中国の農民工問題』創成社　P.87。
12) 塚本隆敏（2010年3月20日）『中国の農民工問題』創成社　P.94。
13) 塚本隆敏（2010年3月20日）『中国の農民工問題』創成社　P.137。
14) 塚本隆敏（2010年3月20日）『中国の農民工問題』創成社　P.138。
15) 厳善平（2009年7月3日）『農村から都市へ――1億3000万人の農民大移動』岩波書店　ix。
16) 厳善平（2009年7月3日）『農村から都市へ――1億3000万人の農民大移動』岩波書店　P.73。
17) 厳善平（2009年7月3日）『農村から都市へ――1億3000万人の農民大移動』岩波書店　P.78。
18) 厳善平（2009年7月3日）『農村から都市へ――1億3000万人の農民大移動』岩波書店　P.103。
19) 厳善平（2010年12月10日）『中国農民工の調査研究――上海市・珠江デルタにおける農民工の就業・賃金・暮らし』晃洋書房。
20) 厳善平「農民工問題の諸相――農民工は国民か」（『東亜』（霞山会）2007年3月号　PP.,72 - 83）。
21) 厳善平「農民工問題の諸相――農民工は国民か」（『東亜』（霞山会）2007年3月号　PP.,72 - 83）注2　PP.,1-2。
22) 池上彰英（2012年6月25日）『中国の食糧流通システム』御茶の水書房　PP.,44 - 45。
23) 池上彰英（2012年6月25日）『中国の食糧流通システム』御茶の水書房　P.65。
24) 池上彰英（2012年6月25日）『中国の食糧流通システム』御茶の水書房　P.78。
25) 池上彰英（2012年6月25日）『中国の食糧流通システム』御茶の水書房　P.80。
26) 池上彰英（2012年6月25日）『中国の食糧流通システム』御茶の水書房　P.106。
27) 池上彰英（2012年6月25日）『中国の食糧流通システム』御茶の水書房　P.181。
28) 松尾秀雄（2011年2月10日）「中国の社会制度としての都市戸籍と農村戸籍」P.378
菅原陽心編著『中国社会主義市場経済の現在――中国における市場経済化の進展に関す

る理論的実証的分析』御茶の水書房。

第 1 章

29) 松尾秀雄（2011 年 2 月 10 日）「中国の社会制度としての都市戸籍と農村戸籍」P.377 菅原陽心編著『中国社会主義市場経済の現在——中国における市場経済化の進展に関する理論的実証的分析』御茶の水書房。

30) 松尾秀雄（2011 年 2 月 10 日）「中国の社会制度としての都市戸籍と農村戸籍」P.359 菅原陽心編著『中国社会主義市場経済の現在——中国における市場経済化の進展に関する理論的実証的分析』御茶の水書房。

31) 松尾秀雄（2011 年 2 月 10 日）「中国の社会制度としての都市戸籍と農村戸籍」P.372 菅原陽心編著『中国社会主義市場経済の現在——中国における市場経済化の進展に関する理論的実証的分析』御茶の水書房。

32) 政務院（1953 年 4 月 17 日）「政務院勧告，農民がむやみに都市部へ流入することを阻止する指示」（中国語原文：「政務院関于劝止农民盲目流入城市的指示」）。
（中国語原文：目前，由于城市建设尚在开始，劳动力需用有限，农民盲目入城的结果，在城市，使失业人口增加，造成处理上的困难；在农村，则又因劳动力的减少，使春耕播种大受影响，造成农业生产上的损失）。（筆者の訳による。以下同じ）。
http://www.fsou.com/html/text/chl/1602/160268.html

33) 公安部（1951 年 7 月 16 日）「都市戸籍管理暫行条例」（中国語原文：「城市户口管理暂行条例」（2004 年 9 月 3 日より失効）の第一条。（中国語原文：维护社会治安，保障人民之安全及居住，迁徙自由）。
http://www.chinalawedu.com/falvfagui/fg22598/71149.shtml

34) 国務院（1955 年 6 月 22 日）「国務院，平常戸籍登録制度を築くことに関する指示」（中国語原文：「国务院关于建立经常户口登记制度的指示」）。
http://www.chinabaike.com/law/zy/xz/gwy/1331745.html

35) 潘家华，魏后凯（2013 年 7 月）『中国城市发展报告——农业转移人口的市民化』社会科学文献出版社　P.80。
（中国語原文：由于国民经济和社会发展以工业为主导，以城市为中心，政策的重心必然向工业和城市倾斜，从而使得工人的待遇和城市的发展条件相对优于农民和农村。这就产生了工农和城乡差异。这种差异，就驱使农民趋向城市。于是，从 1952 年起，出现了农民大量涌入城市的现象）。

36) 植村高久（2011 年 2 月 10 日）「「社会主義市場経済」と改革開放」菅原陽心編著『中国社会主義市場経済の現在』御茶の水書房　P.46。

37) 李玉荣，王海光「一九五八年《户口登记条例》出台的制度背景探析」『中共党史研究』2010 年第 9 期　P.47。
（中国語原文：1956 年出现的经济"冒进"，超计划大量招工，使城镇人口压力骤然加大，造成了城市治安，供应，就业的全面紧张）。

38) 全国人民代表大会（1958 年 1 月 9 日）「中華人民共和国戸籍登録条例」（中国語原文：「中华人民共和国户口登记条例」）。
（中国語原文：公民由农村迁往城市，必须持有城市劳动部门的录用证明，学校的录取证明，

或者城市户口登记机关的准予迁入的证明，向常住地户口登记机关申请办理迁出手续）。
http://www.law-lib.com/law/law_view.asp?id=1338

39) 李玉荣，王海光「一九五八年《户口登记条例》出台的制度背景探析」『中共党史研究』2010 年第 9 期　P.45。
（中国語原文：新中国城乡二元户籍制度是在全面引进苏联计划经济体制，实行重工业优先发展的国家工业化战略中逐步建立起来的，与统购统销有着不可分割的联系。"一五"时期，随着统购统销政策的实施，城乡差距持续拉大，城乡冲突越来越激烈。为维护这种强积累模式的提取能力，国家一方面加快推行农业集体化，以便把农民固定在土地上；另一方面加紧建立和完善城乡户籍制度，限制农村人口的外流，保障城市生活的稳定）。

40) 中央政府（1959 年 2 月 4 日）「中共中央,农村劳働力移動を制止することに関する指示」
（中国語原文：「中共中央关于制止农村劳动力流动的指示」）。
（中国語原文：最近两三个月来，农民盲目流动（主要是流入城市）的现象相当严重。根据河北，山东，河南，山西，辽宁，吉林，安徽，浙江，湖北，湖南等省的不完全统计，外流的农民约有三百万人……因此，必须立即采取有效措施予以制止）。
http://www.china.com.cn/guoqing/2012-09/11/content_26746936.htm

41) 李强（2012 年 4 月第 2 刷）『农民工与中国社会分层』社会科学文献出版社　P.20。
（中国語原文：当时内部规定全国各地每年从农村迁入市镇的"农转非"的人数不得超过当时非农业人口总数的 0.15%。这种局面一直持续到"文化大革命"以后。直到 1977 年 11 月，国务院批转的《公安部关于处理户口迁移的规定》，还是强调要严格控制农村人口进入城镇，并在具体的通知中再次明确规定"农转非"的指标不得超过 0.15%）。

42) 公安部（1964 年 8 月 14 日）「公安部,戸籍の変更を処理することに関する規定（草案）」
（中国語原文：「公安部关于处理户口迁移的规定（草案）」。
（中国語原文：以上意见应由有关部门内部掌握，不必向外宣传）。

43) 「集鎮」の形態と経済機能は、農村と都市両方とも特徴を兼ねて、農村と都市の間に介在している。過渡的な居住区である。農村部は、需要する生産手段と消費財を提供し、農産物を買い上げる。別に、周辺の農民が教育に、医療に、娯楽に対する需要を満たして、農村と都市間の掛け橋となる。「国務院，城郷を区分する標準に関する規定」（中国語原文：「国务院关于城乡划分标准的规定」）（http://www.pkulaw.cn/fulltext_form.aspx?gid=160958 にアクセスすることで確認できる）によれば，第一条：凡そ以下の標準の一に符合する地区が「城鎮」になる。甲．市人民委員会を設ける地区と県（旗）以上の人民委員会の所在地。乙．常駐人口は 2,000 人以上で，その中で 50％以上は非農業人口の居住区。第四条：「城鎮」はさらに「都市」と「集鎮」を区分するものである。中央直轄市と省直轄市は「都市」をし，常駐人口が 20,000 人以上の人民委員会所在地と商工業地区も「都市」として，そのほかの地区は「集鎮」とするものである（中国語原文：一．凡符合下列标准之一的地区，都是城镇：甲．设置市人民委员会的地区和县（旗）以上人民委员会所在地。乙．常住人口有 2,000 人以上，居民 50％ 以上是非农业人口的居民区。四．城镇可以再区分为城市和集镇。凡中央直辖市，省辖市都列为城市，常住人口在 20,000 人以上的县以上人民委员会所在地和工商业地区也可以列为城市，其他地区都列为集镇）。

44) 変更に制限がない状況とは，以下の通りである。

(一) 国家の規定によって、転勤、応募、配置する人員、学生、移動が許可された家族のこと。

(二) 退職、定年、退学、休学及び除去され、免職され、労働教育が取り除かされ、刑期をつとめあげた後、帰る人のこと。

(三) 農村に身寄りのなく、自力で生活できない人、あるいは別の特殊な情況を持って、必ず都市に、集鎮に転入して、直系血族に身を寄せる人のこと。

(四) 正当な理由を持って、必ず小都市から大都市に転入して、直系血族に身を寄せる人のこと。

中国語原文：(一) 按照国家规定调动，招收，分配的职工，学生及批准迁移的家属。(二) 退职，退休，退学，休学和被清洗，开除，解除劳动教养，劳改释放后必须回家的。(三) 在农村无依无靠，不能单独生活，或有其他特殊情况，必须迁往城市，集镇投靠直系亲属的。(四) 有正当理由，需要从小城市迁往大城市投靠直系亲属的。

45) 公安部（1964 年 8 月 14 日）「公安部、戸籍の変更を処理することに関する規定（草案）」（中国語原文：「公安部关于处理户口迁移的规定（草案）」。

(中国語原文：从农村迁往城市，集镇，从集镇迁往城市的，要严加限制。从小城市迁往大城市，从其他城市迁往北京，上海两市的，要适当限制。但对有下列情形之一的，不要限制，应当允许迁移落户)。

46) 潘家华，魏后凯（2013 年 7 月）『中国城市发展报告——农业转移人口的市民化』社会科学文献出版社 P.84。

(中国語原文：1980 年 9 月，公安部等多部门联合发布《关于解决部分专业技术干部的农村家属迁往城镇由国家供应粮食问题的规定》，提出要分批分期逐步解决专业技术骨干农村家属迁往城镇的问题。……这样，"农转非"控制指标从 0.15% 调整为 0.2%)。

47) 国務院（1984 年 10 月 13 日）「農民が集鎮に転入居住することに関する国務院通知」（中国語原文：「国务院关于农民进入集镇落户问题的通知」）。

(中国語原文：凡申请到集镇务工，经商，办服务业的农民和家属，在集镇有固定住所，有经营能力，或在乡镇企事业单位长期务工的，公安部门应准予落常住户口，及时办理入户手续，发给《自理口粮户口簿》，统计为非农业人口。粮食部门要做好加价粮油的供应工作，可发给《加价粮油供应证》)。

http://www.gov.cn/zhengce/content/2016-10/20/content_5122291.htm

48) 露天市場とは、農民が収穫した穀物、野菜、果物など販売する都市の市場（通常は自由市場と言われている）である。

49) 潘家华，魏后凯（2013 年 7 月）『中国城市发展报告——农业转移人口的市民化』社会科学文献出版社 P.85。

(中国語原文：实际上，进城农民只是作为城镇劳动力的补充，并不能成为正规就业者，更不会成为城镇正式居民。首先，只允许农民到集镇落户，而一般的城市尤其是大城市没有对农民开放。其次，农民必须自带口粮到集镇落户，集镇原则上不负责供应（如果供应，则是加价粮）。这就是说，落户集镇的农民，并不能享受到集镇提供的公共服务（当时吃饭口粮是第一位的公共服务）。再次，农民到城镇务工经商办服务业，只能进入农贸市场，小店铺，小作坊等非正规市场，或艰苦劳动工种，而正规就业单位尤其是国营企事业单位计划内招工仍然严格限制使用农村劳动力)。

50) 労働人事部と城建部により連合公布（1984 年 10 月 15 日）「国営建築企業は農民を契

約制労働者として採用する件,及び農村建築隊を使用する件の暫定法」(中国語原文:「国営建筑企业招用农民合同制工人和使用农村建筑队暂行办法」(1991年7月25日より失効)。
http://www.110.com/fagui/law_64991.html

51) 労働人事部(1984年12月19日)「交通,鉄道部門,積み卸し運搬作業に対して,農民交替労働者制度を施行する件,及び請負労働者を採用することに関する試行法」(中国語原文:「交通,铁路部门装卸搬运作业实行农民轮换工制度和使用承包工试行办法」(1991年7月25日より失効)。
http://www.chinalawedu.com/falvfagui/fg22016/48220.shtml

52) 鉄道部(1986年5月8日)「農民交替労働者制度を施行することに関する暫行規定」(中国語原文:「关于实行农民轮换工制度的暂行规定」(2003年6月17日より失効)。
http://www.chnrailway.com/news/2008810/20088101726415404 4817.shtml

53) 国務院(1986年7月12日)「国有企業,労働者を雇用することに関する暫行規定」(中国語原文:「国营企业招用工人暂行规定」)(2001年10月6日より失効)。
(中国語原文:企业招用工人,应当在城镇招收。需要从农村招收工人时,除国家规定的以外,必须报经省,自治区,直辖市人民政府批准)。
http://www.china.com.cn/law/flfg/txt/2006-08/08/content_7059013.htm

54) 潘家华,魏后凯(2013年7月)『中国城市发展报告——农业转移人口的市民化』社会科学文献出版社　P.85。
(中国語原文:农民进入城镇务工经商办服务业,是以城镇自身发展需要为前提的。一旦农民进入过多,影响城镇居民的就业,或城市管理者认为不符合其需要时,城镇的大门仍然会不时关闭)。

55) 「民工潮」:この言い方は1980年代後期に出現した。毎年の旧暦正月前後に,都市部へ出稼ぎに行っている農民工が帰省して,一家団欒のために,鉄道,自動車道路網の運輸量が大幅に増え,旅客(農民工)が潮のようにどっと押し寄せてきて,大体に一か月ぐらい持続することを指す。

56) 潘家华,魏后凯(2013年7月)『中国城市发展报告——农业转移人口的市民化』社会科学文献出版社　P.86。
(中国語原文:到1980年代后期,随着改革开放的推进和商品经济的快速发展,越来越多的农民出远门到外地打工。尤其是长江三角洲,珠江三角洲等东南沿海地区,在引进外资的基础上,乡镇企业发展迅猛,对农村剩余劳动力产生了巨大需求。于是,安徽,江西,四川等地农民陆续跨省流入东南沿海地区,从而产生了"民工潮"。"民工潮"口模一年比一年大。1988年,"民工潮"队伍达到了3000万人。／大规模"民工潮"给交通运输和城市管理造成了巨大压力。1989年春节过后,又有3000万～4000万农民外出打工。……通过各地各部门的共同努力,农民盲目外流的形势得到了一定程度的控制。但是,1990年和1991年的"民工潮"仍然达到2500万～3000万人)。

57) 「経済特区」:1980年代より海外資本の導入に基づき,特別措置が取られる深圳市,厦門市,珠海市,汕頭市の四地区である。

58) ビデオ記録は, https://www.youtube.com/watch?v=q8G0HXnCZvk にアクセスすることで確認できる。

59) 中国国家統計局（2014 年 5 月 12 日）「2013 年全国農民工監測調査報告」。
   （中国語原文：为准确反映全国农民工规模，流向，分布，就业，收支，生活和社会保障等情况，国家统计局 2008 年建立农民工监测调查制度，在农民工输出地开展监测调查。调查范围是全国 31 个省（自治区，直辖市）的农村地域，在 1527 个调查县（区）抽选了 8930 个村和 23.5 万名农村劳动力作为调查样本。采用入户访问调查的形式，按季度进行调查）。
   http://www.stats.gov.cn/tjsj/zxfb/201405/t20140512_551585.html
60) 中国国家統計局（2014 年 5 月 12 日）「2013 年全国農民工監測調査報告」。
   （中国語原文：农民工：指户籍仍在农村，在本地从事非农产业或外出从业 6 个月及以上的劳动者）。
   http://www.stats.gov.cn/tjsj/zxfb/201405/t20140512_551585.html
61) 中国国家統計局（2014 年 5 月 12 日）「2013 年全国農民工監測調査報告」。
   （中国語原文：老一代农民工：指 1980 年以前出生的农民工）。
   http://www.stats.gov.cn/tjsj/zxfb/201405/t20140512_551585.html
62) 「1953 年 11 月，統一購入・統一販売（統購・統銷）が設けられ，農産物の自由市場が消滅した。「5 カ年計画」によって重工業化を推進すれば都市人口の増大が見込まれたが，その生活，特に食糧を確保することは重工業育成の主要な条件であり，ただし，農産物は流通の統制だけでは，十分に管理することができず，したがって，重工業労働者が必要とする十分な量の食糧を確保できなかった。政府の課題は増加する工業労働者に十分な食糧を安価に供給することだったが，もともと食糧が不足気味なうえ，自作農となっている農民にとっては，安い価格で「統購」に応じるインセンティブがなかった。」
   ――植村高久（2011 年 2 月 10 日）「「社会主義市場経済」と改革開放」菅原陽心編著『中国社会主義市場経済の現在――中国における市場経済化の進展に関する理論的実証的分析』御茶の水書房　P.47。
63) 中国国家統計局（2014 年 5 月 12 日）「2013 年全国農民工監測調査報告」。
   （中国語原文：新生代农民工：指 1980 年及以后出生的农民工）。
   http://www.stats.gov.cn/tjsj/zxfb/201405/t20140512_551585.html
64) ビデオ記録は，http://my.tv.sohu.com/us/176171857/86278514.shtml にアクセスすることで確認できる。http://v.youku.com/v_show/id_XNjg1OTI2NTE2.html?spm=a2h-0k.8191407.0.0&from=s1.8-1-1.2 にアクセスすることで確認できる。

第 2 章

65) 中国網（china.com.cn）「温家宝総理は農民のために賃金の返済を迫る」（中国語原文：「温家宝总理为农民追讨工资」）　記者：孙杰，黄豁。
   http://www.china.com.cn/chinese/zhuanti/qx/459454.htm にアクセスすることで確認できる。
66) 中央政府（1982 年 1 月 1 日）「全国農村工作会議紀要」（中国語原文：「全国农村工作会议纪要」（当年的中央 1 号文书）。http://www.china.com.cn/aboutchina/data/zgncg-gkf30n/2008-04/09/content_14684460.htm
67) 中央政府（1984 年 1 月 1 日）「1984 年農村における工作任務についての通知」（中国語原文：「关于 1984 年农村工作的通知」）（当年的中央 1 号文书）。

http://www.china.com.cn/aboutchina/data/zgncggkf30n/2008-04/09/content_14685167.htm
68）1972年頃に，中央政府は「計画出産」を提案して，一部の都市の政府機関と国有企業は真っ先に施行された。1979年から，全土へ速く広げる。
69）フランク・ディケーター（2011年8月5日）『毛沢東の大飢饉』訳者：中川治子　草思社　P.455。
70）国家統計局編（2010年9月）『中国統計年鑑2010』中国統計出版社　P.95。
71）国家統計局編（1982年8月）『中国統計年鑑1981』中国統計出版社　P.93。
72）国家統計局編（1982年8月）『中国統計年鑑1981』中国統計出版社　P.93。
73）国家統計局編（2010年9月）『中国統計年鑑2010』中国統計出版社　P.95。
74）「社会扶養費」の納付金は昨年度に夫婦両方の年収に基づいて計算し，一般に，年収の2倍から8倍まで徴収する。土地によって違うものである。
75）中央政府（1997年8月27日）「中共中央弁公庁，国務院弁公庁，農村田畑請負関係を一層安定し，完全なものにすることに関する通知」（中国語原文：「中共中央办公厅，国务院办公厅关于进一步稳定和完善农村土地承包关系的通知。
http://cpc.people.com.cn/GB/64162/71380/71382/71481/4854255.html
76）中央政府(2002年8月29日公布，2003年3月1日施行)「中華人民共和国農村田畑請負法」（中国語原文：「中华人民共和国农村土地承包法」）。
（中国語原文：第二十八条　下列土地应当用于调整承包土地或者承包给新增人口：（一）集体经济组织依法预留的机动地。（二）通过依法开垦等方式增加的。（三）承包方依法，自愿交回的）。
http://www.360doc.com/content/15/0121/00/8378385_442447940.shtml
77）中央政府より1950年に公布，1987年に廃止「中華人民共和国田畑改革法」（中国語原文：「中华人民共和国土地改革法」。
（中国語原文：第一条：废除地主阶级封建剥削的土地所有制，实行农民的土地所有制……）。
http://www.npc.gov.cn/wxzl/wxzl/2000-12/10/content_4246.htm
78）中央政府（1953年12月16日）「中共中央，農業生産合作社の発展についての決議」（中国語原文：「中共中央关于发展农业生产合作社的决议」。http://www.360doc.com/content/11/1220/15/6086479_173640374.shtml
79）中央政府（1956年6月30日）「高級農業生産合作社の模範規則」（中国語原文：「高级农业生产合作社示范章程」）。
http://www.npc.gov.cn/wxzl/wxzl/2000-12/10/content_4304.htm
80）全国人民代表大会常務委員会（1986年6月25日）「中華人民共和国田畑管理法」（中国語原文：「中华人民共和国土地管理法」）。
http://www.law-lib.com/law/law_view.asp?id=95348
81）「無地農民工：到達できた現在，見えてこない未来」（中国語原文：「"无地农民工"：抓得到的现在，看不见的未来」）
「経済参考報」（2009年10月19日）第A07版。
http://dz.jjckb.cn/www/pages/jjckb/html/2009-10/19/node_16.htm にアクセスするこ

とで確認できる。
82）中国国家統計局（2018 年 4 月 27 日）「2017 年農民工監測調査報告」。
http://www.stats.gov.cn/tjsj/zxfb/201804/t20180427_1596389.html
83）経済開発区：国家より区域をしきり定めて，必要なインフラを建設して，集中して企業を作る。
84）陈仁政など編著（2013 年 12 月）『方家村志』辽宁民族出版社。
85）李昌平（2009 年 6 月）『大气候——李昌平直言「三农」』陕西人民出版社　P.95。
（中国語原文：1997 年后的几年内，……"开发区建设和经营城市"成为这个时期经济发展的主旋律。……一方面是投资高速增长，……另一方面是农民失地补偿不到位，造成数千万人失地又失业）。
86）李昌平（2009 年 6 月）『大气候——李昌平直言「三农」』陕西人民出版社　P.100。
（中国語原文：在贵州已经有了 25% 的"无地农民"）。
87）李昌平（2009 年 6 月）『大气候——李昌平直言「三农」』陕西人民出版社　P.117。
（中国語原文：农村经过 30 年土地制度演化之后，农民占有土地已经极不平均，并且不少地方出现了 20% ～ 30% 的"无地农民"）。
88）財政部（1985 年 5 月 17 日）「農業税，食糧の「逆三七」比率価格によって代金を徴収することに関する問題の申請」（中国語原文：「关于农业税改为按粮食"倒三七"比例价折征代金问题的请示」）。
http://www.china.com.cn/law/flfg/txt/2006-08/08/content_7057630.htm
89）中兼和津次（1991 年 3 月 31 日）「一九八〇年代中国農業停滞の構造——いわゆる「農業徘徊」の意味を考える」毛里和子，岡部達味編『改革・開放時代の中国＜現代中国論 2 ＞』日本国際問題研究所　P.158。
90）中兼和津次（1991 年 3 月 31 日）「一九八〇年代中国農業停滞の構造——いわゆる「農業徘徊」の意味を考える」毛里和子，岡部達味編『改革・開放時代の中国＜現代中国論 2 ＞』日本国際問題研究所　P.161。
91）田島俊雄（1995 年 4 月 17 日）「中国農業の市場化——構造と変動」毛里和子編『市場経済化の中の中国＜現代中国論 3 ＞』日本国際問題研究所　P.100。
92）宝剣久俊（2017 年 9 月 15 日）『産業化する中国農業』名古屋大学出版会　P.42。
93）国務院（2004 年 5 月 23 日）「食糧流通体制改革を一層深化させることに関する意見」（中国語原文：「国务院关于进一步深化粮食流通体制改革的意见」。
（中国語原文：转换粮食价格形成机制。一般情况下，粮食收购价格由市场供求形成，国家在充分发挥市场机制的基础上实行宏观调控。要充分发挥价格的导向作用，当粮食供求发生重大变化时，为保证市场供应，保护农民利益，必要时可由国务院决定对短缺的重点粮食品种，在粮食主产区实行最低收购价格）。
http://www.gov.cn/zwgk/2005-08/12/content_21917.htm
94）樊綱著，関志雄訳（2003 年 11 月 27 日）『中国　未完の経済改革』岩波書店　PP.,98 － 99。

第 3 章
95）中央政府（1997 年 1 月 1 日施行）「中華人民共和国郷鎮企業法」（中国語原文：「中华

人民共和国乡镇企业法」)。

(中国語原文:乡镇企业,是指农村集体经济组织或者农民投资为主,在乡镇(包括所辖村)举办的承担支援农业义务的各类企业。前款所称投资为主,是指农村集体经济组织或者农民投资超过百分之五十,或者虽不足百分之五十,但能起到控股或者实际支配作用)。

http://www.gov.cn/banshi/2005-06/01/content_3432.htm

96) 中央政府(1997年1月1日施行)「中華人民共和国郷鎮企業法」(中国語原文:「中华人民共和国乡镇企业法」)。

(中国語原文:乡镇企业的主要任务是,根据市场需要发展商品生产,提供社会服务,增加社会有效供给,吸收农村剩余劳动力,提高农民收入,支援农业,推进农业和农村现代化,促进国民经济和社会事业发展)。

http://www.gov.cn/banshi/2005-06/01/content_3432.htm

97) 国務院(1984年3月1日)「社隊企業の新局面を開発・創造することに関する報告」(中国語原文:「关于开创社队企业新局面的报告」)。

http://www.110.com/fagui/law_2773.html

98) http://www.gov.cn/test/2007-08/29/content_730480.htm にアクセスすることで確認できる。

(中国語原文:「加快改革开放和现代化建设步伐,夺取有中国特色社会主义事业的更大胜利」)。

99) 陈丹锋(2005年1月)「郷鎮企業の生成と発展――江蘇省丹陽市後巷鎮ドリル製造企業の事例を中心として」(名城大学大学院経済学研究科提出の修士論文)p7。

100) 庄河市統計局(2012年10月26日)「庄河市における人口構造の特徴についての分析」(中国語原文:「庄河市人口结构特点分析」)。

(中国語原文:2010年,人口总量为841321人,城市人口由2005年的18万人增加到2010年的23.7万人)。

http://www.dlzh.gov.cn/zhtjj/zhtjj/bmgz/118977_891715.htm?COLLCC=2221518910& にアクセスすることで確認できる。

第4章

101) 国家統計局農村社会経済調査総隊著(2001年12月)『中国農村貧困監測報告―2001』中国統計出版

P.8。

(中国語原文:了解贫困状况,首先要确定贫困标准。80年代中期,国家统计局和国务院扶贫办合作制定了我国第一个正式的贫困标准。以后各年根据物价指数和贫困测量方法的发展而进行适当的调整,但根本基础没有改变。……它包括两部分:一部分是满足最低营养标准(2100大卡/人日)的基本食品需求,即食物贫困线;另一部分是最低限度的衣着、住房、交通、医疗及其他社会服务的非食品消费需求,即非食物贫困线。/最后,食物贫困线和非食物贫困线之和就是贫困标准)。

102) 国家統計局農村社会経済調査総隊著(2001年12月)『中国農村貧困監測報告―2001』中国統計出版　PP.,22～23。

(中国語原文:一个是625元的温饱标准,另一个是865元的低收入分组人口标准。在衡

量居民的福利时我们采用的是人均生活消费支出，而不是人均纯收入。这是因为人均纯收入受到景气，气候等影响，变动非常大。与此相比人均生活消费支出较为稳定，更能反映居民的永久收入。因此，我们定义的贫困户是人均年生活消费支出低于 625 元或者 865 元的农户）。

103) 国家統計局住戸調査事務所著（2012 年 2 月）『中国農村貧困監測報告―2011』中国統計出版社　P.11。
(中国語原文：在我国的扶贫实践中，2007 年以前，中央政府一直采用绝对贫困标准作为扶贫工作标准，用于确定扶贫对象，分配中央扶贫资金，低收入标准在一些较发达地区作为地区扶贫工作的参考依据。2008 年，根据十七大关于 " 逐步提高扶贫标准 " 的精神，我国正式采用低收入标准作为扶贫工作标准)。

104) 国家統計局農村社会経済調査総隊著（2001 年 12 月）『中国農村貧困監測報告―2001』図 1　中国統計出版社。

105) 国家統計局著（1982 年 8 月）『中国統計年鑑 1981』中国統計出版社　P.5。

106) 国家統計局著（1982 年 8 月）『中国統計年鑑 1981』中国統計出版社　P.89。

107) 購買力平価（PPP）とは，ある国である価格で買える商品が他国ならいくらで買えるかを示す交換レート。例えば，ある商品が日本では 200 円，アメリカでは 2 ドルで買えるとすると，1 ドル＝ 100 円が購買力平価だということになる。
http://www.worldbank.org/ja/news/feature/2014/01/08/open-data-poverty にアクセスすることで確認できる。

108) 世界銀行著（1990 年 9 月）『1990 年世界発展報告』（貧困問題・社会発展指標）中国財政経済出版社　P.29。
(中国語原文：赤贫的贫困线为每年人均 275 美元，穷人贫困线为每年人均 370 美元)。

109) 世界銀行著（1990 年 9 月）『1990 年世界発展報告』（貧困問題・社会発展指標）中国財政経済出版社　P.29　表 2.1。

110)「開発によって貧困地区を扶助する」というのは，伝統的な「救済によって貧困地区を扶助する」ことに対して提出された政策である。すなわち，政府は必要な政策的支持を通じて，貧困地区の自然資源を利用して，開発的生産，建設を進め，次第に貧困地区と貧困人口の自分蓄積と発展能力を高め，主に自身の力で衣食問題を解決し，貧困から脱して豊かになることである。昔から単一な資金援助を資金，技術，養成訓練などの総合的援助に変更している。根本から貧困の根元を取り除き，穏やかに貧困から脱すことを実現する。

111)「世界の貧困に関するデータ」最終更新日：2015 年 10 月 15 日。
http://www.worldbank.org/ja/news/feature/2014/01/08/open-data-poverty にアクセスすることで確認できる。

112) 中央政府門戸 Web サイト（www.gov.cn）（2009 年 12 月 24 日）「国務院総理温家宝出席コペンハーゲン気候変化会議紀実」（中国語原文：「国务院总理温家宝出席哥本哈根气候变化会议纪实」の中での温家宝のスピーチ。
http://www.gov.cn/ldhd/2009-12/19/content_1491153.htm にアクセスすることで確認できる。

113) 中華人民共和国国家統計局著（2010 年 9 月）『中国統計年鑑 2010』　中国統計出版社

114）中華人民共和国国家統計局著（2010 年 9 月）『中国統計年鑑 2010』 中国統計出版社 P.95。
115）国家統計局編（2008 年 9 月）『中国統計年鑑 2008』中国統計出版社。
116）国家統計局編（2015 年 9 月）『中国統計年鑑 2015』中国統計出版社。
117）「馬明哲の年収 6,600 万元の背景」（中国語原文：「6600 万年薪背后的马明哲」）（2008 年 6 月 25 日）「人民日報」海外版　第 07 版。
http://paper.people.com.cn/rmrbhwb/html/2008-06/25/content_46410.htm にアクセスすることで確認できる。
118）国家統計局著（1982 年 8 月第一刷）『中国統計年鑑 1981』中国統計出版社出版　P.431。
119）国家統計局農村社会経済調査総隊著（2001 年 12 月）『中国農村貧困監測報告 2001』中国統計出版社 P.81。
（中国語原文：目前的贫困标准，很大程度上是一个工作标准，是一个由中国政府财力状况和实际能力决定的工作标准）。
120）中央政府（2005 年 12 月 31 日）「中共中央国務院，社会主義新農村建設を推進することに関する若干意見」（中国語原文：「中共中央国务院关于推进社会主义新农村建设的若干意见」）（2006 年の中央 1 号文書）。
http://www.gov.cn/gongbao/content/2006/content_254151.htm
121）中国語の「小康」は，家庭の経済状況がある程度豊かであるという意味である。今の中国における「小康」は改革・開放後に鄧小平が掲げられた目標であり，衣食に困らない生活の次の段階を目指す。
122）中央政府（2005 年 12 月 31 日）「中共中央国務院，社会主義新農村建設を推進することに関する若干意見」（中国語原文：「中共中央国务院关于推进社会主义新农村建设的若干意见」）（2006 年の中央 1 号文書）。
（中国語原文：全面建设小康社会，最艰巨最繁重的任务在农村。……农村人口众多是我国的国情，只有发展好农村经济，建设好农民的家园，让农民过上宽裕的生活，才能保障全体人民共享经济社会发展成果，才能不断扩大内需和促进国民经济持续发展。／……实行工业反哺农业，城市支持农村和 " 多予少取放活 " 的方针）。
http://www.gov.cn/gongbao/content/2006/content_254151.htm
123）中国では食糧の主産地が河北省，内モンゴル自治区，遼寧省，吉林省，黒龍江省，江蘇省，安徽省，江西省，山東省，河南省，湖北省，湖南省，四川省である。
124）中央政府（2003 年 12 月 31 日）「中共中央国務院，農民が収入の増加を促進することに関する若干政策の意見」（中国語原文：「中共中央国务院关于促进农民增加收入若干政策的意见」）（2004 年の中央 1 号文書）。
（中国語原文：当前农业和农村发展中还存在着许多矛盾和问题，突出的是农民增收困难。全国农民人均纯收入连续多年增长缓慢，粮食主产区农民收入增长幅度低于全国平均水平，许多纯农户的收入持续徘徊甚至下降，城乡居民收入差距仍在不断扩大。农民收入长期上不去，不仅影响农民生活水平提高，而且影响粮食生产和农产品供给；不仅制约农村经济发展，而且制约整个国民经济增长；不仅关系农村社会进步，而且关系全面建设小康社会目标的实现；不仅是重大的经济问题，而且是重大的政治问题。／现阶段农民增收困难，

……也是城乡二元结构长期积累的各种深层次矛盾的集中反映）。

http://www.gov.cn/test/2005-07/04/content_11870.htm

125）中央政府（2003 年 12 月 31 日）「中共中央国務院，農民が収入の増加を促進することに関する若干政策の意見」（中国語原文：「中共中央国务院关于促进农民增加收入若干政策的意见」）（2004 年の中央 1 号文書）。

（中国語原文：2004 年，国家……用于主产区种粮农民的直接补贴。其他地区也要对本省(区, 市）粮食主产县（市）的种粮农民实行直接补贴。要本着调动农民种粮积极性的原则，制定便于操作和监督的实施办法，确保补贴资金真正落实到农民手中）。

http://www.gov.cn/test/2005-07/04/content_11870.htm

126）中央政府（2005 年 2 月 17 日）「中共中央国務院，農村仕事を一層強化し，農業綜合生産能力を高めることに関する若干政策の意見」（中国語原文：「中共中央国务院关于进一步加强农村工作提高农业综合生产能力若干政策的意见」）（2005 年の中央 1 号文書）。

http://www.gov.cn/gongbao/content/2005/content_63164.htm

127）中央政府（2007 年 2 月 10 日）「中共中央国務院，積極的に現代農業を発展し，社会主義新農村建設をしっかり推進することに関する若干意見」（中国語原文：「中共中央国务院关于积极发展现代农业扎实推进社会主义新农村建设的若干意见」）（2007 年の中央 1 号文書）。

http://www.gov.cn/gongbao/content/2007/content_564121.htm

128）国務院（1994 年 4 月 15 日）「国家八七貧困扶助攻略計画」（中国語原文：「国家八七扶贫攻坚计划」）。

（中国語原文：这些贫困人口主要集中在国家重点扶持的 592 个贫困县，分布在中西部的深山区，石山区，荒漠区，高寒山区，黄土高原区，地方病高发区以及水库库区，而且多为革命老区和少数民族地区。共同特征是，地域偏远，交通不便，生态失调，经济发展缓慢，文化教育落后，人畜饮水困难，生产生活条件极为恶劣）。

http://www.cpad.gov.cn/art/2016/7/14/art_343_141.html

129）国務院（1994 年 4 月 15 日）「国家八七貧困扶助攻略計画」（中国語原文：「国家八七扶贫攻坚计划」）。

（中国語原文：从现在起到本世纪末的 7 年时间里，基本解决 8000 万人的温饱问题）。

http://www.cpad.gov.cn/art/2016/7/14/art_343_141.html

130）国家統計局農村社会経済調査総隊著（2001 年 12 月）『中国農村貧困監測報告 2001』中国統計出版社　p77。

（中国語原文：自"八七"计划实施以来，扶贫贷款的投放额度较以前显著增加……信贷扶贫资金在全部扶贫资金中所占的比重逐年增加，1995 年国家扶贫资金共 98.5 亿元，其中信贷扶贫资金 45.5 亿元，占 46.2%；1996 年国家扶贫资金 108 亿元，其中信贷扶贫资金 55 亿元，占 50.9%；1997 年信贷扶贫资金在国家扶贫资金总量中的比重达到 55%；1999 年和 2000 年这一比重都达到 60%，信贷扶贫资金成为国家扶贫资金中的主力军）。

131）国家統計局農村社会経済調査総隊著（2001 年 12 月）『中国農村貧困監測報告 2001』中国統計出版社
P.79。

（中国語原文：扶贫贷款具有很强的政策性，这在很大程度上限制了贷款的商业化操作，

広大的贫困地区，因经济状况，基础设施，人员素质，市场环境等各方面因素的影响，导致贷款一经放出，就带有极大的风险，如何在贷款的经济效益与社会效益之间作出取舍和权衡，是一个非常棘手的问题，在实际工作中，我们采取两者兼顾的原则：对那些不但还款有保障，而且对当地的经济发展和老百姓的脱贫致富非常有利的项目，农业银行全力支持；对那些社会效益很好但存在信贷风险的项目，我们通过协调各方面的关系，取得政府与当地有关部门的理解和支持，并与企业共同努力，采取措施降低风险，在可行的范围内给予信贷支持）。

132）中国農業銀行（1998年）「中国農業銀行扶貧貸付管理方法」（中国語原文：「中国农业银行扶贫贷款管理办法」）。

(中国語原文：（三）贫困户有独立的生产经营能力。（四）以种植业，养殖业，林果业产品为原料的加工业和扶贫经济实体项目，项目资本金不低于总投资的20%。中，长期固定资产贷款项目必须有国家有权机关批准的项目立项批文，借款人要参加相应的财产保险。（六）贷款对象必须接受银行的信贷监督和结算监督，恪守信用，保证按期归还贷款本息）。
http://www.law-lib.com/law/law_view.asp?id=67220

133）国家統計局農村社会経済調査総隊著（2001年12月）『中国農村貧困監測報告2001』中国統計出版社　P.80。

(中国語原文：扶贫开发项目周期较长，相当多的种养项目（如种植经济林，果林，饲养奶牛，肉牛，农副产品加工项目等）要三到五年才能产生效益）。

134）中国農業銀行（1998年）「中国農業銀行扶貧貸付管理方法」（中国語原文：「中国农业银行扶贫贷款管理办法」）。

(中国語原文：（一）不能按期归还贷款的，借款人必须在贷款到期日前15天内向开户行提出贷款展期申请。担保贷款展期还应当由贷款保证人（抵押人或出质人）出具同意展期并继续担保的书面证明。（二）所有贷款只能办理一次展期。1年以下贷款，贷款展期不得超过原定贷款期限；1～5年期贷款，贷款展期不得超过原贷款期限的一半；5年期以上的贷款，贷款展期不得超过3年。借款人未申请展期或申请展期未得到批准，其贷款从到期日次日起，转入逾期贷款账户）。
http://www.law-lib.com/law/law_view.asp?id=67220

135）国務院（1994年4月15日）「国家八七貧困扶助攻略計画」（中国語原文：「国家八七扶贫攻坚计划」）。

(中国語原文：（一）对贫困户和扶贫经济实体使用扶贫信贷资金，要从实际出发，在保证有效益，能还贷的前提下，贷款条件可以适当放宽，要有一定灵活性。（二）国有商业银行，每年要安排一定的信贷资金，在贫困地区有选择的扶持一些效益好，能还贷的项目）。
http://www.cpad.gov.cn/art/2016/7/14/art_343_141.html

136）国務院（1994年4月15日）「国家八七貧困扶助攻略計画」（中国語原文：「国家八七扶贫攻坚计划」）。

(中国語原文：调整国家扶持资金投放的地区结构。从1994年起，将分一年到两年把中央用于广东，福建，浙江，江苏，山东，辽宁6个沿海经济比较发达省的扶贫信贷资金调整出来，集中用于中西部贫困状况严重的省，区……今后，上述6省的扶贫投入由自己负责，并要抓紧完成脱贫任务）。
http://www.cpad.gov.cn/art/2016/7/14/art_343_141.html

137）国家統計局農村社会経済調査総隊著（2001 年 12 月）『中国農村貧困監測報告 2001』中国統計出版社　P.79。

（中国語原文：信贷资金投向问题。一是扶贫贷款投向区域范围较窄，无法覆盖所有贫困人口。目前，592 个国定贫困县的贫困人口仅占全部贫困人口的一半。虽然中央扶贫资金大部分用于国定贫困县，但并没有用到这些县里特定的贫困人口。实际上，扶贫资金被 592 个贫困县的 2 亿农民平均使用。截至 1998 年底，分布在国定贫困县的贫困人口只有 2100 万，由于扶贫资金的平均使用，最需要帮助的贫困人口得到的扶持大约减少 10 倍。同样，分布在国定贫困县以外的另一半（2100 万）贫困人口几乎没有使用中央的信贷扶贫资金。大部分省区由省里拿钱，扶持国定贫困县以外的人口。然而，省里的扶贫资金非常有限，因此，国定贫困县以外的贫困人口得到的扶贫资金总量非常有限）。

138）国家統計局住戸調査事務所著（2012 年 2 月）『中国農村貧困監測報告 2011』中国統計出版社　P.12。

（中国語原文：2000～2010 年绝对贫困人口减少规模少于前两个十年。上个世纪八十年代，绝对贫困人口平均每年减少 1350 多万人；进入 90 年代，平均每年减少 529 万人；2000 年～2008 年，平均每年绝对贫困人口减少 221 万人）。

139）財政部農業司扶貧処課題組著（2004 年 3 月 21 日）「我国农村扶贫开发资金需求预测」『経済研究参考』2004 年第 80 期。

（中国語原文：在不考虑开发式扶贫效果的时滞性等因素下，脱贫一人的资金投入一直在增加，脱贫一人投入的全部扶贫资金从"八五"时期的 2005 元增加到 2001-2002 年间的 15321 元……这表明：自进入扶贫攻坚阶段以后，中国农村扶贫资金的使用效果出现了明显的边际效应递减现象）。

https://www.ixueshu.com/document/08e8ea093e7dbfed318947a18e7f9386.html にアクセスすることで確認できる。

140）アダム・スミス著，大河内一男，大河内暁男，田添京二，玉野井芳郎訳（1976 年 12 月 20 日）『国富論』iii　中央公論社　P.145。

141）アダム・スミス著，大河内一男，大河内暁男，田添京二，玉野井芳郎訳（1976 年 12 月 20 日）『国富論』iii　中央公論社　PP.,147 － 148。

142）アダム・スミス著，大河内一男，大河内暁男，田添京二，玉野井芳郎訳（1976 年 12 月 20 日）『国富論』iii　中央公論社　P.153。

143）国務院（2001 年 6 月 13 日）「中国農村貧困扶助開発綱領と要旨（2001 － 2010 年）」（中国語原文：「中国农村扶贫开发纲要（2001 － 2010 年）」）。

（中国語原文：确保在贫困地区实现九年义务教育，进一步提高适龄儿童入学率）。

http://www.gov.cn/zhengce/content/2016-09/23/content_5111138.htm

144）全国人民代表大会（1986 年 4 月 12 日公布，7 月 1 日施行）「中華人民共和国義務教育法」（中国語原文：「中华人民共和国义务教育法」）。

（中国語原文：凡年满六周岁的儿童，不分性别、民族、种族，应当入学接受规定年限的义务教育。条件不具备的地区，可以推迟到七周岁入学）。

http://www.law-lib.com/law/law_view.asp?id=3636

145）中国では，一般的に年齢による区別である。適齢児童というのは年齢によって小学校在籍の人であり，適齢少年というのは年齢によって中学校在籍の人であると定義する。

146) 全国人民代表大会常務委員会（2006 年 6 月 29 日公布，9 月 1 日施行）「中華人民共和国義務教育法」（修正版）（中国語原文：「中華人民共和国义务教育法」）。
（中国語原文：凡具有中华人民共和国国籍的适龄儿童，少年……依法享有平等接受义务教育的权利，并履行接受义务教育的义务）。
http://www.law-lib.com/law/law_view.asp?id=163284
147) 中国における 9 年制義務教育において免除されるのは授業料であり，その他の費用は保護者が負担している。例えば，雑費や教科書料や寄宿制学校の場合は寮代の支払いがある。加えて，中国の学校では，いつも不合理に費用を取る場合がある。
148) 国家統計局所帯調査事務室編（2012 年 2 月）『中国農村貧困監測報告 – 2011』 中国統計出版社　P.33。
（中国語原文：从 2002 年到 2010 年，由于家庭的经济困难不上学的儿童比例由 48.6% 下降到 15.6%；因为教育环境原因如无校舍，无教师，附近无学校等原因未上学的儿童比例从 3.5% 下降到只有 1.9%，由于自己不想上学的失学儿童比例从 26.1% 上升到 34.7%；其他因生活环境因素和自身因素而失学的儿童比例由 21.8% 上升到 47.8%）。
149) 国家教育委員会（1992 年 3 月 14 日）「中華人民共和国義務教育法実施細則」（中国語原文：「中华人民共和国义务教育法实施细则」）。
http://www.moe.edu.cn/publicfiles/business/htmlfiles/moe/moe_620/200409/3177.html
150) 国家教育委員会（1992 年 3 月 14 日）「中華人民共和国義務教育法実施細則」（中国語原文：「中华人民共和国义务教育法实施细则」）。
（中国語原文：收取杂费的标准和具体办法，由省级教育，物价，财政部门提出方案，报省级人民政府批准）。
http://www.moe.edu.cn/publicfiles/business/htmlfiles/moe/moe_620/200409/3177.html
151) 南亮進，牧野文夫，羅歓鎮（2008 年 7 月 17 日）『中国の教育と経済発展』東洋経済新報社　P.15。
152) 中央政府（1985 年 5 月 27 日）「中共中央,教育体制改革についての決定」（中国語原文：「中共中央关于教育体制改革的决定」）。
（中国語原文：实行基础教育由地方负责，分级管理的原则，是发展我国教育事业，改革我国教育体制的基础一环。／基础教育管理权属于地方。除大政方针和宏观规划由中央决定外，具体政策，制度，计划的制定和实施，以及对学校的领导，管理和检查，责任和权力都交给地方。省，市，县，乡分级管理的职责如何划分，由省，自治区，直辖市决定）。
http://www.jyb.cn/china/zhbd/200909/t20090909_309252.html
153) 全国人民代表大会（1986 年 4 月 12 日公布,7 月 1 日施行）「中華人民共和国義務教育法」（中国語原文：「中华人民共和国义务教育法」）。
（中国語原文：义务教育事业，在国务院领导下，实行地方负责，分级管理）。
http://www.law-lib.com/law/law_view.asp?id=3636
154) 国家教育委員会（1992 年 3 月 14 日）「中華人民共和国義務教育法実施細則」（中国語原文：「中华人民共和国义务教育法实施细则」）。
（中国語原文：实施义务教育的学校新建，改建，扩建所需资金，在城镇由当地人民政府负责列入基本建设投资计划，或者通过其他渠道筹措；在农村由乡，村负责筹措，县级人民政府对有困难的乡，村可酌情予以补助）。

http://www.moe.edu.cn/publicfiles/business/htmlfiles/moe/moe_620/200409/3177.html
155) 国務院（1993年2月13日）「中国教育改革と発展綱領・要旨」（中国語原文：「中国教育改革和发展纲要」）。
（中国語原文：在现阶段，基础教育应以地方政府办学为主）。
http://www.moe.edu.cn/publicfiles/business/htmlfiles/moe/moe_177/200407/2484.html
156)「これまでの歴史を振り返ってみると，中国の中央地方関係には，つねに「重層性」が存在していることがわかる。すなわち，「集権の中の分権」，「分権の中の集権」という循環がみられるのである。／王朝時代の中国では，「皇権統治」と「官権・紳権・宗権共治」という統治空間の重層化現象がみられた。それに対して，1949年の建国後の中国では，毛沢東時代の集権的な体制のもとにあり，……1978年以降の鄧小平体制は，方向性として「賢明権威主義体制」（東アジアモデルを想定し，「高い率の経済成長」および「成長の共有」をもたらす権威主義体制をさす。ただし，中国がその仲間入りができるか否かを判断するのは時期尚早であろう）と概括することができるが，この「重層性の鉄則」がまた別の形をとって出現している。すなわち，1994年の「分税制」の実施を境に，それ以前は，「分権の中の集権」の時期であり，それ以降は，「集権の中の分権」に転じたものと考えられるのである。／1994年に中国で実施された「分税制」の目的は，それまでの行き過ぎた地方分権によって弱体化した中央政府のマクロコントロール能力（再分配機能）の回復であった。当時，財政面での中央政府の弱体化に対して，「国家能力」という言葉が盛んに用いられた。それは，地方の利益に奔走する一部豊かな地域の地方政府を牽制し，中央政府による再分配機能を回復させ，かつ地域間格差の軽減等が，緊急の課題であることが認識されることとなったからである。／1994年の「分税制」は，初期の試みとしては成功をおさめたと評価される。しかし多くの問題が露呈することとなった」。
　——陳雲，森田憲（2009年7月24日）「中国における分税制下の中央地方関係：立憲的地方自治制度のすすめ＜論説＞」『広島大学経済論叢』（33巻1号）p1－2。
157) 国務院（2001年）「国務院，基礎教育改革と発展についての決定」（中国語原文：「国务院关于基础教育改革与发展的决定」）。
（中国語原文：进一步完善农村义务教育管理体制。实行在国务院领导下，由地方政府负责，分级管理，以县为主的体制……县级人民政府对本地农村义务教育负有主要责任……乡（镇）人民政府要承担相应的农村义务教育的办学责任，根据国家规定筹措教育经费，改善办学条件，提高教师待遇……）。
http://www.moe.edu.cn/publicfiles/business/htmlfiles/moe/moe_16/200105/132.html
158) 河南省农村社会经济调查队,三门峡市农村社会经济调查队著（2004年2月10日）「体制改革是解决农村教育问题的有效途径」『调研世界』総第125期　p25。
（中国語原文：1985～1999年我国农村"九年义务教育"实行的是"分级办学,分级负担"，不仅加重了农民负担，也使拖欠教师工资现象屡见不鲜，更不要说办学经费。自2000年以来实行"分级管理，以县为主"的农村教育改革，目的是减轻农民负担，确保教师工资。但由于县级财政困难，对教育投资成了一句空话……）。
159) 刘纯阳（2005年11月10日）「贫困地区的农村教育：困境与出路」『调研世界』総第146期　P.26。

(中国語原文：当县级财政能力严重不足而向上级政府寻求转移支付又遇到障碍时，贫困地区所采取的行为可能有两种：要么，降低教育这种公共品的质量，主要表现就是在学校软件和硬件建设两方面都尽量减少投资甚至干脆不投资……要么，运用行政能力将财政压力转嫁到下一级政府或者是本级政府能对其产生威慑作用的某些群体身上，比如拖欠教师工资，怂恿学校增加向学生的收费，变相向农民搞摊派等。这样，就从政府行为角度解释了贫困地区农村教育发展落后以及农民教育负担沉重的原因）。

160）中国の各地においては，教材配布による独学後の試験，またはテレビによる通信教育の大学が設立されている。基本的に，12年以上の教育を受けたことがある国民は（入学試験無し）申し込んだら許可であり，単位を取得すれば，大学の学歴が獲得できる。卒業証書は試験を主管する大学と国家独学委員会の連合で発行する。しかし，そのような大学生は，全国的統一な入試に合格して，全日制大学で学習によって，学歴を獲得する者とは比べたら，就職する時，全日制大学の卒業生は優位を占めている。

161）『中国教育年鑑』編集部（1984年9月）『中国教育年鑑1949－1981』中国大百科全書出版社　PP.,745－746。

162）教育部（1980年10月14日）「教育部，時期を分け，組を分け，重点中学を真剣に取り組むことに関する決定」（中国語原文：「教育部关于分期分批办好重点中学的决定」）。
（中国語原文：我国人口多，底子薄，各地发展不平衡，师资，经费，设备又有限，如果平均使用力量，所有中学齐头并进提高教育水平，是不可能的……因此，必须首先集中力量办好一批条件较好的重点中学）。

163）教育部（1980年10月14日）「教育部，時期を分け，組を分け，重点中学を真剣に取り組むことに関する決定」（中国語原文：「教育部关于分期分批办好重点中学的决定」）。
（中国語原文：今后增加的中学教育经费，在统筹安排下，要保证重点中学的需要）。

164）教育部（1980年10月14日）「教育部，時期を分け，組を分け，重点中学を真剣に取り組むことに関する決定」（中国語原文：「教育部关于分期分批办好重点中学的决定」）。
（中国語原文：要正确处理重点中学和一般中学的关系，努力做到确保重点，兼顾一般）。

165）中国国家統計局Webサイト（www.stats.gov.cn）。
http://www.stats.gov.cn/tjsj/ndsj/2006/indexch.htm にアクセスすることで確認できる。

参考文献

中国法律法規，政策，文書：

1，1953年4月17日「政務院勧告，農民がむやみに都市部へ流入することを阻止する指示」
2，国務院（1955年6月22日）「平常戸籍登録制度を築くことに関する指示」
3，公安部（1951年7月16日）「都市戸籍管理暫行条例」
4，全国人民代表大会（1958年1月9日）「中華人民共和国戸籍登録条例」
5，中央政府（1959年2月4日）「中共中央，農村労働力移動を制止することに関する指示」
6，公安部（1964年8月14日）「公安部，戸籍の変更を処理することに関する規定（草案）」
7，国務院（1955年11月7日）「国務院，城郷を区分する標準に関する規定」
8，国務院（1984年10月13日）「農民が集鎮に転入居住することに関する国務院通知」
9，労働人事部と城建部は連名によって公布（1984年10月15日）「国営建築企業，農民を契約制労働者として採用する件，及び農村建築隊を使用する件の暫定法」（1991年7月25日より失効）
10，労働人事部（1984年12月19日）「交通，鉄道部門，積み卸し運搬作業に対して，農民交替労働者制度を施行する件，及び請負労働者を採用することに関する試行法」（1991年7月25日より失効）
11，鉄道部（1986年5月8日）「鉄道部，交替工制度を施行することに関する暫行規定」（2003年6月17日より失効）
12，国務院（1986年7月12日）「国有企業，労働者を雇用することに関する暫行規定」（2001年10月6日より失効）
13，中央政府（1982年1月1日）「全国農村工作会議紀要」（当年の1号文書）
14，中央政府（1984年1月1日）「1984年農村における工作任務についての通知」（当年の中央1号文書）
15，中央政府（1997年8月27日）「中共中央弁公庁，国務院弁公庁，農村田畑請負関係を一層安定し，完全なものにすることに関する通知」
16，中央政府（1950年）「中華人民共和国田畑改革法」（1987年に廃止）
17，中央政府（1953年12月16日）「中共中央，農業生産合作社の発展についての決議」
18，中央政府（1956年6月30日）「高級農業生産合作社の模範規則」
19，全国人民代表大会常務委員会（1986年6月25日）「中華人民共和国田畑管理法」
20，中央政府（2002年8月29日公布，2003年3月1日施行）「中華人民共和国農村田畑請負法」
21，国務院（1994年4月15日）「国家八七貧困扶助攻略計画」
22，中国農業銀行（1998年）「中国農業銀行扶貧貸付管理方法」
23，中央政府（2005年12月31日）「中共中央国務院，社会主義新農村建設を推進することに関する若干意見」（2006年の中央1号文書）
24，中央政府（2003年12月31日）「中共中央国務院，農民が収入の増加を促進することに関する若干政策の意見」
25，中央政府（2005年2月17日）「中共中央国務院，農村仕事を一層強化し，農業総合生産能力を高めることに関する若干政策の意見」（当年の中央1号文書）

26．中央政府（2007年2月10日）「中共中央国務院，積極的に現代農業を発展し，社会主義新農村建設をしっかり推進することに関する若干意見」（2007年の中央1号文書）
27．財政部（1985年5月17日）「農業税，食糧の「逆三七」比率価格によって代金を徴収することに関する問題の申請」
28．国務院（2004年5月23日）「食糧流通体制改革を一層深化させることに関する意見」
29．国務院（1984年3月1日）「社隊企業の新局面を開発・創造することに関する報告」
30．江沢民「改革開放と現代化建設の歩みを速め，中国特徴社会主義事業の新しい勝利を勝ち取る」の報告
31．中央政府（1997年1月1日施行）「中華人民共和国郷鎮企業法」
32．国務院（2001年6月13日）「中国農村貧困扶助開発綱領と要旨（2001 – 2010年）」
33．全国人民代表大会（1986年4月12日公布，7月1日施行）「中華人民共和国義務教育法」
34．全国人民代表大会常務委員会（2006年6月29日公布，9月1日施行）「中華人民共和国義務教育法」（修正版）
35．国家教育委員会（1992年3月14日）「中華人民共和国義務教育法実施細則」
36．中央政府（1985年5月27日）「中共中央，教育体制改革についての決定」
37．国務院（1993年2月13日）「中国教育改革と発展綱領・要旨」
38．国務院（2001年）「国務院，基礎教育改革と発展についての決定」
39．教育部（1980年10月14日）「教育部，時期を分け，組を分け，重点中学を真剣に取り組むことに関する決定」

中国語文献：

1．潘家华，魏后凯（2013年7月）『中国城市发展报告——农业转移人口的市民化』社会科学文献出版社
2．李强（2012年4月第2版）『农民工与中国社会分层』社会科学文献出版社
3．国家統計局編（1982年8月）『中国統計年鑑1981』中国統計出版社
4．国家統計局編（2008年9月）『中国統計年鑑2008』中国統計出版社
5．国家統計局編（2010年9月）『中国統計年鑑2010』中国統計出版社
6．国家統計局編（2015年9月）『中国統計年鑑2015』中国統計出版社
7．陈仁政など編著（2013年12月）『方家村志』辽宁民族出版社
8．李昌平（2009年6月）『大气候——李昌平直言「三农」』陕西人民出版社
9．国家統計局農村社会経済調査総隊著（2001年12月）『中国農村貧困監測報告—2001』中国統計出版社
10．国家統計局住戸調査事務所著（2012年2月）『中国農村貧困監測報告—2011』中国統計出版社
11．世界銀行著（1990年9月）『1990年世界発展報告』（貧困問題・社会発展指標）中国財政経済出版社
12．『中国教育年鑑』編集部（1984年9月）『中国教育年鑑1949 – 1981』中国大百科全書出版社
13．教育部財務司，国家統計局社会和科技統計司編著（2007年7月）『2006年中国教育経費統計年鑑』中国統計出版社

中国語調査・統計報告：

1．中国国家統計局編（2010 年 3 月 19 日）「2009 年全国農民工監測調査報告」
2．中華人民共和国国家統計局編（2011 年 6 月）「2010 年農民工監測報告」『中国発展報告 2011』中の p99 ～ 105　中国統計出版社
3．中国国家統計局編（2012 年 4 月 27 日）「2011 年全国農民工監測調査報告」
4．中国国家統計局編（2013 年 5 月 27 日）「2012 年全国農民工監測調査報告」
5．中国国家統計局編（2014 年 5 月 12 日）「2013 年全国農民工監測調査報告」
6．中国国家統計局編（2015 年 4 月 29 日）「2014 年全国農民工監測調査報告」
7．中国国家統計局編（2016 年 4 月 28 日）「2015 年全国農民工監測調査報告」
8．中国国家統計局編（2017 年 4 月 28 日）「2016 年全国農民工監測調査報告」
9．中国国家統計局編（2018 年 4 月 27 日）「2017 年農民工監測調査報告」

中国語学術論文：

1．财政部农业司扶贫处课题组著（2004年3月21日）「我国农村扶贫开发资金需求预测」『经济研究参考』2004 年第 80 期
2．河南省农村社会经济调查队，三门峡市农村社会经济调查队著（2004 年 2 月 10 日）「体制改革是解决农村教育问题的有效途径」『调研世界』总第 125 期
3．刘纯阳（2005 年 11 月 10 日）「贫困地区的农村教育：困境与出路」『调研世界』总第 146 期
4．李玉荣，王海光「一九五八年《户口登记条例》出台的制度背景探析」『中共党史研究』2010 年第 9 期

日本語文献：

1．塚本隆敏（2010 年 3 月 20 日）『中国の農民工問題』創成社
2．厳善平（2009 年 7 月 3 日）『農村から都市へ——1 億 3000 万人の農民大移動』岩波書店
3．厳善平（2010 年 12 月 10 日）『中国農民工の調査研究——上海市・珠江デルタにおける農民工の就業・賃金・暮らし』晃洋書房
4．池上彰英（2012 年 6 月 25 日）『中国の食糧流通システム』御茶の水書房
5．松尾秀雄（2011 年 2 月 10 日）「中国の社会制度としての都市戸籍と農村戸籍」菅原陽心編著『中国社会主義市場経済の現在——中国における市場経済化の進展に関する理論的実証的分析』御茶の水書房
6．植村高久（2011 年 2 月 10 日）「「社会主義市場経済」と改革開放」菅原陽心編著『中国社会主義市場経済の現在——中国における市場経済化の進展に関する理論的実証的分析』御茶の水書房
7．フランク・ディケーター著　中川治子訳（2011 年 8 月 5 日）『毛沢東の大飢饉』草思社
8．中兼和津次（1991 年 3 月 31 日）「一九八〇年代中国農業停滞の構造——いわゆる「農業徘徊」の意味を考える」毛里和子，岡部達味編『改革・開放時代の中国＜現代中国論 2 ＞』日本国際問題研究所
9．田島俊雄（1995 年 4 月 17 日）「中国農業の市場化——構造と変動」毛里和子編『市

場経済化の中の中国＜現代中国論3＞』日本国際問題研究所
10，宝剣久俊（2017年9月15日）『産業化する中国農業』名古屋大学出版会
11．樊綱著，関志雄訳（2003年11月27日）『中国　未完の経済改革』岩波書店
12．厳善平「農民工問題の諸相――農民工は国民か」（『東亜』（霞山会）2007年3月号 pp72 – 83）
13．陳丹鋒（2005年1月）「郷鎮企業の生成と発展――江蘇省丹陽市後巷鎮ドリル製造企業の事例を中心として」（名城大学大学院経済学研究科提出の修士論文）
14．アダム・スミス著，大河内一男，大河内暁男，田添京二，玉野井芳郎訳（1976年12月20日）『国富論』ⅲ 中央公論社
15．陳雲，森田憲（2009年7月24日）「中国における分税制下の中央地方関係：立憲的地方自治制度のすすめ＜論説＞」『広島大学経済論叢』（33巻1号）
16．南亮進，牧野文夫，羅歓鎮（2008年7月17日）『中国の教育と経済発展』東洋経済新報社

メディア報道：

1．ビデオ記録　　https://www.youtube.com/watch?v=q8G0HXnCZvk
2．ビデオ記録　　http://my.tv.sohu.com/us/176171857/86278514.shtml
http://v.youku.com/v_show/id_XNjg1OTI2NTE2.html?spm=a2h0k.8191407.0.0&-from=s1.8-1-1.2
3．中国網（china.com.cn）「温家宝総理は農民のために賃金の返済を迫る」（中国語原文：「温家宝総理为农民追讨工资」）記者：孙杰，黄豁。
http://www.china.com.cn/chinese/zhuanti/qx/459454.htm
4．「経済参考報」（2009年10月19日）第A07版　テーマ：「無地農民工：到達できた現在，見えてこない未来」（中国語原文：「"无地农民工"：抓得到的现在，看不见的未来」）
http://dz.jjckb.cn/www/pages/jjckb/html/2009-10/19/node_16.htm
5．中央政府門戸Webサイト（www.gov.cn）（2009年12月24日）「国務院総理温家宝出席コペンハーゲン気候変化会議紀実」（中国語原文：「国务院总理温家宝出席哥本哈根气候变化会议纪实」）
http://www.gov.cn/ldhd/2009-12/24/content_1496008.htm
6．「人民日報」（2008年6月25日）海外版第07版　テーマ：「馬明哲の年収6600万元の背景」（中国語原文：「6600万年薪背后的马明哲」）
http://paper.people.com.cn/rmrbhwb/html/2008-06/25/content_46410.htm
7．庄河市統計局（2012年10月26日）「庄河市における人口構造の特徴についての分析」（中国語原文：「庄河市人口结构特点分析」）
http://www.dlzh.gov.cn/zhtjj/zhtjj/bmgz/118977_891715.htm?COLLCC=2221518910&
8．中国国家統計局Webサイト（www.stats.gov.cn）。
http://www.stats.gov.cn/tjsj/ndsj/2006/indexch.htm

説明：この論文で取り上げた全てのウェブページは2018年7月20日に最終確認しており，閲覧可能であった。

あとがき

　筆者は2005年10月，留学生として日本に来た。日本語の初歩である「あいうえお」から勉強をはじめ，学士・修士・博士課程で学び，研究することができた。知識が蓄積されたのは勿論である。しかし，自分自身の思想の発展があった。自分のイデオロギーが大きく変化した。考え方やものの見方そのものが変化したのである。

　2001年12月末，中国はWTOに加盟することによって，従来からの経済成長が加速した。その結果，国家財政が豊かになり，中国の都市部が高層ビル群で美しく輝くように発展した。中国は世界の人に繁栄隆昌の印象を与えた。祖国の経済成長に対しては，筆者は誇りを感じる。しかし，繁栄隆昌の背後で無数にある血と涙は覆い隠されている。

　中国人は不平等な社会に生活している。生まれるとすぐに，「都市戸籍」人口と「農村戸籍」人口とに分類される。政府は直接に国民に等級をつける。ここ数年，中等富裕層以上の家庭は海外旅行，ショッピングに出かける。日本も中国観光客の目的地になっている。中国観光客は，新しい語彙で，「爆買」ツアーとよばれる旅行をする。しかしながら問題は，これらの海外観光客の中に農民がいるのか。都市部で就労する農民工がいるのか。筆者はそれについての調査を行っていないが，おそらく皆無に近いと推定してよかろう。このように中国観光客は海外メディアが報道する対象となる。これらの中国人は観光地の消費を刺激し，ホテルなどのサービス業や商業などに利益をもたらす。それと同時に，一部分の素行の悪い中国人金持ちは他国に迷惑をかけている。

　中国国内のメディアはいつも海外観光会社を取材し，映像データを報道している。中国大衆はテレビでそのニュースを見て，祖国は富強で，中国人は富裕になったと感じている。中国における世論は都市部に位置する中央政府，省政府，市政府，区政府によってコントロールされている。農村，農民についての事件は悲惨を極める程度になったときにだけ，人々の関心を引くことができる。近年，農民は貧困から脱却できないため，病気を治療するお金も

ないので，絶望して自殺する事件が発生している。毎回，このような事件が報道されると，筆者は死者の不幸を悲しみ，内心穏やかでない。

　筆者は，常に，政府の平和時期における役割は何なのかを考えている。答えは人によって違うかもしれない。筆者は，政府の役割とはすべての国民に尊厳を持って生活にさせることだと思う。すべての国民が平等に競争できるような雰囲気を創造することだろうと考えている。例えば，国家の内部には，所得の格差が必ず存在する。すべての人が金持ちになることはありえないことである。しかし，政府（国家）はすべての国民に，頑張りさえすれば金持ちになれる機会を作るべきだ。言い換えれば，政府（国家）は直接にすべての国民の願いを満足させることはありえないが，政府（国家）はすべての国民に理想を実現する経路を提供すべきである。

　近い将来，中国政府が戸籍制度を廃止する日を見たい。中国におけるすべての農民が豊かに暮らすことを見たいと念願している。

謝辞

　名城大学大学院経済学研究科松尾秀雄教授には，筆者が博士後期課程の時以来，本書の構想から資料の収集，経済理論の講釈，日本語表現，文章作成に至るまで，終始一貫して暖かいご指導とご鞭撻を頂いた。松尾秀雄教授の支援がなければ，到底一書に纏めることはできなかった。甚大なる感謝の意を表す。

　また，本書がこのように出版できたのは，御茶の水書房の橋本盛作社長と編集部の平石修様のご尽力の賜である。ここに記して謝意を述べたい。

2018 年 10 月 22 日
　　　中国・河南省にて

　　　　　　　　　　　　　　　　　　　　　　　　　　　　侯　祺

著者紹介

侯　祺
（こう　き）

1982 年	中国遼寧省大連市に生まれる。
2011 年	鈴鹿国際大学国際学部卒業
2013 年	名城大学大学院経済学研究科修士課程修了（修士・経済学）
2018 年	名城大学大学院経済学研究科博士後期課程修了
2018 年 9 月	博士（経済学）・名城大学
現在	中国・河南工業大学経済貿易学部　専任講師

農民工と中国農村
（のうみんこう　ちゅうごくのうそん）
―都市部の農民工と農村部の貧困実態―
（としぶ　のうみんこう　のうそんぶ　ひんこんじったい）

2019年2月25日　第1版第1刷発行

　　　　　　　　　　　　　　　　著　　者　侯　　　祺
　　　　　　　　　　　　　　　　発　行　者　橋　本　盛　作
　　　　　　　　　　　　　　　発　行　所　㈱御茶の水書房
　　　　　　　　　　〒113-0033　東京都文京区本郷5-30-20
　　　　　　　　　　　　　　　　　　電話　03-5684-0751
　　　　　　　　　　　　　　　　　　Fax　03-5684-0753

Printed in Japan
Hou Qi©2019
　　　　　　　　　　　　　　　印刷／製本　㈱タスプ

ISBN978-4-275-02100-7　C3033

中国農村社会の歴史的展開	内山雅生編著	A5判・三〇八〇円
日本の中国農村調査と伝統社会	内山雅生著	A5判・四六二〇円
現代中国農村と「共同体」《テキスト版》	内山雅生著	A5判・二八八〇円
中国内陸における農村変革と地域社会	三谷孝編著	A5判・六六〇〇円
中国農村の権力構造	田原史起著	A5判・三三〇〇円
中国における社会結合と国家権力	祁建民著	A5判・三九六〇円
近代上海と公衆衛生	福士由紀著	A5判・六六〇〇円
中国社会と大衆動員	金野純著	A5判・四六二〇円
近代中国と銀行の誕生	林幸司著	A5判・六八二〇円
近代中国東北地域の朝鮮人移民と農業	朴敬玉著	A5判・五五〇〇円
伝統的社会集団の歴史的変遷	陳鳳著	A5判・二一四〇〇円
中国村民自治の実証研究	張文明著	A5判・五八八〇円
日中の非正規労働をめぐる現在	石井知章編著	A5判・七〇二九〇〇円

御茶の水書房
（価格は消費税抜き）